非雞湯管理學

效率人的企業

What is reasonable is real;
that which is real is reasonable.

合理即存在的，存在即合理的

譚立東 ◎著

水與火，當真不能相容嗎？
運用「理事如火，管人似水」的管理觀念，
創造出創新的標準公司管理模式

崧燁文化

PREFACE
前言

前言

　　本書主要針對致力於創新、創業公司的管理，總結並提出「理事如火，管人似水」的管理觀念，希望建立一種具有全面創新源動力的標準公司管理模式，提出了七十餘條管理新觀點。

　　書中除了提出公司標準組織結構圖這樣完整的理論系統外，還從「理事如火，管人似水」的管理觀念出發提出了一系列新管理概念。這些新管理概念絕大多數是從探索個別而實用的案例開始的，這些起步的知識在很多人看來有些零亂而幼稚。雖然我們確實要傳承已有的知識，但對於探索新知識，我們必須從自己的感性認知出發。

　　這讓我想起了我上高中時的老師舉的關於「合理即存在的，存在即合理的」這句名言解釋的例子。

　　黑格爾的這句名言出自其《法哲學原理》(*Grundlinien der Philosophie des Rechts, 1820*)。

　　原文是：

Was vernünftig ist, das ist wirklich; und was wirklich ist, das ist vernünftig.

英文翻譯是：

What is reasonable is real; that which is real is reasonable.

另譯：

What is rational is actual and what is actual is rational.

當時老師說：金字塔多數人都沒有看過，但它是存在的。因為我們看過照片還有別人講述都很合理，所以它存在。這就是：合理的存在性。不過，老師沒對下一句進行有效的解釋，但正是有這樣一位有思想的老師，只是一個偶然而簡單的例子，開啓了我人生思考的大門。後來我經過多年的思考對黑格爾這一名言的下半句進行了一番解釋。

拿科學家來說，科學家的存在感，要靠做實驗。

而不能看照片，或者是道聽途說。

即使看到的有可能是海市蜃樓。假權威。

所以存在一定要合理。

如果不合理就是「存在」所定義的概念錯了，而並不是合理錯了。

總結一下「合理即存在的，存在即合理的」的認識方法論。「合理即存在的」是對於自己非專業領域知識的認識方法，我們應

例前因後果的分析，缺少各部門作用配合的理解，與其說是管理學著作，不如說是加了一些技巧的成功學心靈雞湯。

我們把這些非管理範疇之內只注重道德灌輸的管理理論稱為**雞湯管理學**。

喝了這些雞湯管理學的心靈雞湯，可能讓你一時之間鬥志昂揚，但你肯定不能認知過去由經驗檢驗有效的公司管理運行整體結構，更不要說一些沒有被前人發現的前瞻性知識。

要知道知識與產品一樣，只有在其推廣、競爭階段才是最有價值的，也是你獲得超過社會平均經濟效率的倚仗。而道德的研究只能提升人的精神，無法讓人獲得實用的知識。

這裡特別感謝國外學者如亨利‧法約爾、弗雷德里克‧溫斯洛‧泰勒等管理大師的理論，讓我的管理理論可以找到門徑，還有管理大師杜拉克所舉的那些沒有主觀因素的管理學案例，使我有機會可以真實的瞭解到市場經濟管理學上的真正問題，並思考現行的管理理論的問題所在。

其他一些我所知的重要管理知識雖然不全面，但都是我認為重要的尖端的管理範疇之內的知識，可以為全面的管理公司打下思維模式的基礎。

PREFACE
前言

當在自己沒有研究的領域裡認可現實存在的公認觀點。

「存在即合理的」是對於自己專業領域知識的認識方法，我們應當對專業知識中被宣稱為「存在」的事物的邏輯性進行仔細研究，如果其不合理，就對其定義的範疇進行整理，直至其合理為止，為合理的認知世界添加自己一份認識的力量，而不是一味的盲從已知概念。

研究一門知識，最基本的要素就是研究這門知識範疇內的概念，這些概念必須合理。

這就是我可以提出這麼多與前人不一樣的管理觀點的原因。現在的主流市場管理書籍多是人品管理書籍，認為把管理者培養成擁有果斷、勇敢、耐心、無條件執行等品質就可以解決管理問題。這就相當於說一個勇敢的人就可以生活得很好一樣，確實可以舉出很多例子。但如果要使更多人生活得更好，從人類歷史的角度看，還是要瞭解物理學等自然科學。

現實是只有經過工業化大規模的科學技術普及，普通人的生活才能達到小康，而不是僅僅依靠道德的灌輸。

僅依靠一些心靈激勵誇大道德的作用是無意義的。果斷、勇敢、耐心、無條件執行這些概念與管理學的概念不在一個範疇之內。因此，在科學的管理學裡面不會有這些概念的一席之地，使用這些概念研究管理的學者也永遠不會有所成就。

即使國外市場上許多以案例為主的管理學書籍，他們省去案

PREFACE
導讀

導讀

　　現在市場上的管理理論眾多，這些理論雖然相互有一些關聯但缺少共同框架系統。我們需要在一個共同的系統中探討公司職能與部門的運行規律，這就是下面要提出的公司標準組織結構圖。

　　理事如火與管人似水是《水火管理學》中兩個形象的比喻，做這種比喻是為了讓讀者更形象的理解本書的思想理念。而創新與傳承這兩個概念在公司管理工作中的具體表現就是理事如火與管人似水。

　　這兩個知識點闡明了本書的系統結構與理論基礎。

　　現在市場上的管理學書籍可以說多如牛毛，不過不外乎如下三種形式：

　　第一種是職能式，即把管理的職能分為決策、計劃、組織等職能。強調每種職能的定義與作用，但是沒有說明具體由哪個部門如人事部、研發部等來執行這些職能。

　　第二種是部門式，即把人事部、研發部等部門的責任與作

用寫得很明確,但對管理的決策、計劃、組織等職能卻隻字不提。並且這種部門式的理論對於各部門的工作流程描述也是相當模糊的。

第三種是事例加心得式,即把自己的管理心得與事例結合起來,既不明確的講述決策、計劃、組織等職能,也不論述各部門的作用,典型的如管理大師杜拉克的著作。如果你原來不是公司上層或不具備基本的管理知識,可能你通讀完他的著作也不知道公司到底應設置幾個部門,要怎樣設置。

由於早期對於管理認知模糊,可以説在法約爾提出管理職能的分類前,大多數著作是這種類型的。即使到現在,拋開職能與部門,用例子加自己的心得來寫管理學著作仍是主流。

而本書的管理理論則是把職能式與部門式融合起來,每個職能由對應的幾個部門來執行管理職能,從而明晰工作流程,使每個部門都接受上一個部門管理並受到有效的控制。

這是一種全新組織結構圖,讓管人似水與理事如火兩方面的工作智慧整合在一個體系之內,並在這個體系的深入探討之中解決過去管理學中無法解釋的各種現象與問題。

新管理學的公司結構流程圖見圖1。

PREFACE
導讀

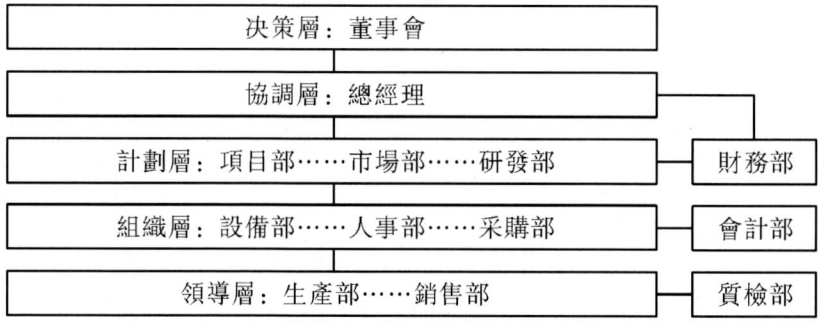

圖1 新管理學的公司結構流程圖

這個體系有什麼好處呢？它使人們把職能管理如人事管理、銷售管理與管理職能如決策、計劃統一在一起。

這個流程圖給人們這樣一種明確的工作流程：

由董事會做出決策，總經理作為解釋決策的總執行者協調執行。

計劃者把決策細化到可以實施的程度。在產品的計劃階段，以決策為依據，由財務進行控制。

組織者從外部購入計劃所需要的各種財富，並負責長期維護。在產品的組織階段，組織方案按設計執行，並由會計進行控制。

領導者帶領員工進行生產，直到將產品銷售給客戶，產生利潤。在產品生產階段，產品按設計圖紙生產，然後由質檢人員對

產品進行質量控制。

　　按《幸福經濟學》的理論，銷售是生產的一部分，所以銷售是生產部門的後續生產工作。與之對應的市場則是做產品計劃的一個部門，設計與市場部門都在做計劃工作。

　　這樣，每個部門都是在按合約做自己分內的事，因此不存在像傳統管理理論那樣各個方面都要被管理者無條件指使，成為按合約工作的自由員工。

　　各部門要求的特點不同，決策者要善於發現，找出自發創新的價值並做出判斷。計劃者要對現有工具的使用胸有成竹，並能把新專案構思安置在過去的工作計劃上。組織者要能迅速的從市場上找到完成計劃所需要的各種生產要素。領導者要能以身作則，調動員工的積極性，按計劃生產出產品並進行銷售。我們把這種像數學公式一樣完美的公司組織結構圖稱為公司標準組織結構圖。使用公司標準組織結構圖的好處是工作流程清晰，可以防止權力被架空。我們回過頭來看一下傳統的組織結構圖（見圖 2）。

PREFACE
導讀

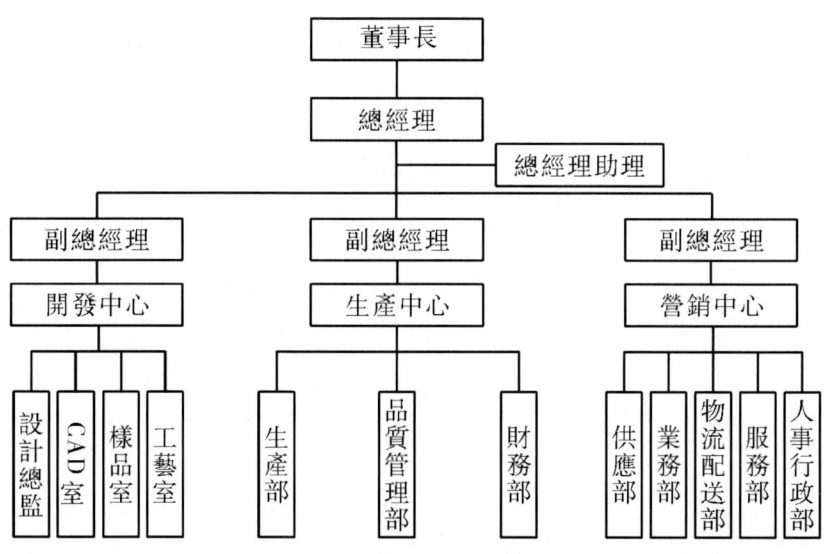

圖 2 傳統的組織結構圖

在傳統的組織結構圖中,由於計劃部門如設計、市場、財務部門,不能為人事、設備、採購等部門提供必要的計劃,所以往往是由一個事事精通但又無法具體負責的副總經理協調負責。這導致副總經理與計劃部門的雙重指導,但出了問題又會相互推諉。同樣,生產、銷售不按計劃行事,不按組織部門給定的資源進行生產,從而導致出了問題相互指責、有了功勞一擁而上。

這種由總經理一人負責所有職能的組織架構,對高層的要求極為苛刻,要求高層每次都能對各個員工的職能做詳細的指派。只有讓員工在規定的時間內完成指派的職能,才能促成公司正常

運轉。由於指派的職能很可能是員工不熟悉的,所以員工只有聽從管理者的安排,從而迫使員工盲目崇拜、服從管理者,使管理者的權利過大。

我們把由於專業而培養出獨立人格的現象稱為**專業優化個性現象**。

專業優化個性現象可以用來解釋那些市場分工明確的藝術家、技術專家、文學家們為什麼個性那麼獨立且具有創造性。

從專業優化個性現象可以看出,正因為有了公司標準組織結構圖,我們才可以在一個共同的系統之中探討公司職能與部門的運行規律,從而有機會發現一系列行之有效的管理新理論。

管理可以分成管與理兩個字。

管的本義是一種類似於笛的管樂器。引申到管理中可以看成力量使用的規矩、制度。按照這種制度運行就如空氣在管這樣一種樂器通道之中會產生美妙的音樂一樣,能讓公司持續盈利。

理的本義是物質本身的紋路、層次,客觀事物本身的次序;這都與事物的規律有關,引申到管理中是一個動詞,即找出事物的規律。

由此我們可以看出,管理實際上是一個合成詞,首先就是找出事物的規律,並理順,這就是理,這是一種創新的工作;其次按照我們找出的規律制定制度,並讓工作在制度規定的路徑中運行,這就是管,這是一種傳承的工作。

PREFACE
導讀

　　管理工作包含財富創造的兩大因素——創新與傳承,可以說在所有管理模式之下都應當區別對待。理事如火與管人似水是創新與傳承這兩個概念在公司管理工作中的具體表現,用理事如火與管人似水這種形象的說法,有利於理解本書針對各職能運作中遇到問題的解決方案。

目錄

Chapter 1
混沌中由利而起的公司

創新創業的實質：有利可圖 001
「經濟人」到「效率人」理論進階──混沌由利而分 001
污染自癒現象──杜邦工業毒物實驗室方案 005
創新擴張紅利現象──福特公司的加薪方案 007

創新創業的組織：權衡利弊 011
職能自動優化現象──馬雲告訴孫正義不缺錢 011
效率平衡分配理論──你是想賣一輩子糖水嗎？ 015

創新創業的環境：天時地利人和 018
三要素公司聯動現象──小國投資的大前景 018
分公司效率擴散原理──SONY 廣州工廠的出售 022
榮譽立憲主義──突然合格的降落傘 027
市場壟斷與資源壟斷──美國汽車行業的衰敗 033
工會的壯大困境──工會在過去更受歡迎 036

CONTENTS 目錄

Chapter 2
理事如火的小公司及公司專案管理

創新創業立項：火中取栗 **039**
 小公司藏身的魚刺區域——成功的房地產代理商 039
 公司大、小按專案劃分理論——福特汽車是小企業嗎？ 042
 底線公平理論——公司恐怖陰影的產生與消亡 047

專案計劃：真金不怕火煉 **050**
 優勢部門驅動方理論——福特公司 T 型車的成敗 050
 創新優勢集中原則——大公司突擊式管理模式的失效 053
 新英雄用武之地——諾貝爾獎得主中村修二的憤怒 057
 知行分離難題——腦力激盪法在傳統公司中為什麼行不通 061
 創新與傳承獎勵分離原則——諾貝爾獎的設獎本意已經被人篡改 063
 衛生創新專案名額制理論——不被醫療機構當成活體實驗品 065
 衛生成就認定新貴族法則——製藥業鎮靜安眠藥的醜聞 068

專案的組織：洞若觀火 **070**
 創新與傳承培訓分離原則——西門子公司的做法無法複製 070
 員工專案激勵法——胡蘿蔔加大棒的刺激失效之後 074
 把二次決策轉化為階梯創新——打破各職能部門之間的壁壘 078

XV

專案的執行：春風野火 081
狂風法則──專案階段規範化法則 081
助理職務陷阱現象──從管理角度看「杯酒釋兵權」 083

Chapter 3
管人似水的成熟公司系統

公司決策：潤物細無聲 087
經濟民主劣勢現象──董事會大權旁落？ 087
計劃創新的決策──日本式共同協商的決策 091
失策管理系統──從 MIS 到 ERP 已過時 093

公司協調：行雲流水 097
總經理全局掌控力──公司遭遇退單之後的補救 097
效率平衡點──《國富論》分工的奧秘 099
非主業最簡原則──公司成立之初就必須有公司章程嗎 102
權力不生根原則──玄武門之變新解 104
創新彌補型腐敗──紅包、冰敬、炭敬的規矩從哪裡來 108

公司計劃：遇水架橋 110
八步設計創新流程──ISO9000 的核心哲學改進 110
計劃完整性原則──製藥公司為何出售與轉讓創新專案 113
精簡有效制原則──哥倫布立雞蛋 115

CONTENTS
目錄

需求系統性要求──摩斯賣保險櫃的故事 117
行進中的市場 120

公司組織：源頭活水 123

投資計劃源頭守則──美國農民的投資從 5,000 美元到 50,000 美元 123
計算工具總體成本──萬能扭轉機的高昂維修費 127
外部持續靈感刺激法──讓一杯水永遠保持高溫 129
效果公平論──「均貧富」式的一則遲到處罰規定 132
設計部門的分離式報酬制──華為的標準螺絲現象 136
幸福經濟平衡原理──賴因計劃新解 139
品德遺產捷徑──杜邦公司和西門子的道德捷徑 143
子專案的當地人原則──曼佐尼博士的拒絕 146
跨國公司的專案變現預期法──哪家銀行應得到獎勵 149
避免回扣的道德附屬職能──發現採購人員的政治家血統 151
資源所有者困局──康寧公司憑什麼發展得好 153

公司領導：水到渠成 156

泰勒天花板──泰勒的科學管理法為什麼受到抵制 156
階段型 X──Y 理論現象──3M 允許員工 15% 的自由時間 159
領導者必要三素質 163
軍隊的軍銜制度與公司的頭銜制度──公司下屬比領導薪水高怎麼辦 167

xvii

員工心理平臺理論──領導與員工溝通技巧 170
　　工人獨立專案的設計缺陷──飛機引擎工廠大幅提高產量 173
　　交流促進工作法──日本人的「持續訓練」機制 176
　　整體促進有效反饋──艾莫利航空貨運公司駕駛員提高貨運量 178
　　顧客購買計劃滿足理論──銷售中執行市場計劃的一般步驟 ... 181
　　成敗雙項計劃工作法──IBM 公司針對員工工作計劃的引導 ... 187

公司控制：滴水不漏 189
　　效率計算以及重疊控制──杜邦公司硝酸鹽的庫存 190
　　借貸記帳法應該叫資權記帳法──複式記帳新解 197
　　強制計劃控制危機──醫院的護士都在填報表 201
　　統一標準原則──劣幣驅逐良幣現象新解 204

Chapter 1
混沌中由利而起的公司

創新創業的實質：有利可圖

在創新創業之前，我們首先要瞭解公司創立的方向，那就是盈利，有利可圖是公司的目標。

「經濟人」到「效率人」理論進階 ——混沌由利而分

公司營運的目標就是獲利或盈利。那麼，什麼是利？利：會意字，從刀，從禾，表示以刀斷禾的意思。利的本義是：刀劍鋒利，刀口快，這是一種持續的狀態。現在利的基本字義是：好處。

利的解釋為什麼會由「刀劍鋒利，刀口快」轉變為「好處」，這就得從人們獲得好處的根源說起，也就是說「好處」到底是從哪裡來的。

老闆會說「利」或「好處」不是我開公司賺來的嗎？經理會說「利」是我管理帶來的，員工會說「利」是我上班工作得來的。

其實這些都只是對「利」的來源的片面解釋，如果只聽部分人的說詞，是不會對「利」有全面瞭解的。

非難湯管理學：效率人的企業

我們透過遠古人獲利的方式來探尋「利」的真正內涵。

引用一個例子：原始人透過認識自然而瞭解了很多對自己有利的事物。例如，在一個地方發現用幾塊石頭疊成的岩洞可以躲雨，於是原始人知道了石頭的好處且記住了它。但這一地區的天然食物很快被吃完，於是他們遷移到一片果林邊，這個地方離那幾塊用石頭疊成的岩洞太遠了，幸好這附近有幾塊石頭，於是他們按照記憶中石頭擺放的模樣，用石頭疊成岩洞的樣子。這樣，他們既可以躲雨又可以吃果實了。同樣，他們看到果實落在田地裡，第二年可以長出新的果實，於是就把自己採集的果實也埋在了地下，以期待來年有所收穫。

從這個例子我們可以看出，「利」並不是無中生有的，而是一些自然界的元素本身對我們就有好處，而我們能做的就是從自然界中更便利、更智慧的取得對我們有好處的事物。這時，我們需要的就是像使用鋒利的刀劍一樣輕鬆如意，這就是「利」。

「利」不是一種靜止的東西。但我們看到的「利」往往是以一種靜止的狀態存在的，如收穫的糧食等。這些東西都是看似靜態的東西，其實只是我們把動態的輕鬆如意固化到貨物之中去了。

例如，充足的糧食，可以供我們從今年秋季到明年秋季這段時間使用。只有產生盈餘，才可以說獲「利」了；如果沒有產生盈餘，是沒有「利」可言的。

糧食的農業生產必須有穩定的農田資源、人力，這是獲「利」的底線，如果有合適的工具當然可能獲「利」更大。其中，農田資源、人力、工具就組成了獲「利」的一種工作狀態。一般情況下，資源屬於土地所有者，人力屬於耕作者，工具屬於投資者。只有三者共同支持農業工作，工作狀態才能形成。

農民之所以把自己吃不完的糧食看成「利」，是因為把多餘的糧食拿來餵雞、餵豬，可以輕鬆地提高自己的生活水準，或者換成各種日常用品，讓生活更加輕鬆如意。如果這個農民生活在深山之中，沒牲畜可餵，無法讓自己的營養條件更好，那麼種多少糧食自己吃多少，吃不完第二年也用不上、壞了，就沒有「利」可言。

同樣，公司如果剛給員工發了薪水，國家的貨幣體系就崩潰了，員工連下個月的飯都吃不起，那麼這個月的薪水對員工還有什麼「利」可言呢？

所以，「利」不僅是一種高效率的生產狀態，而且對應著使用「利」的體系。如果這個體系不再有，「利」也隨之消失。從這個角度來說，能獲「利」的工商業者往往都是社會穩定的支柱。因為只有社會穩定，他們才能獲「利」。

過去的「經濟人」理論把「利」看成靜止的貨幣，在「經濟人」假設中，經濟人（希臘語：homooeconomicus）即假定人的思考和行為都是理性的，唯一試圖獲得的經濟好處就是物質性補償的最大化。這就是沒搞清「利」必須與應用「利」的體系相對應，公司不但要盈「利」，而且應當維護資源、人力和工具三者穩定的契約關係。不能以破壞契約關係為代價獲「利」。

任何假設都應當以現實為參照。假設人有三條腿，然後說，人是不會摔倒的，因為三點支撐最穩定（這可是物理學的定理，讓人感覺提出假設的人很博學）。我們一定會說這是一個笑話。因為明明人只有兩條腿，你還去假設人有三條腿不是個笑話嗎？

「經濟人」假設也是一個類似的笑話，人們明明知道有時候不是像「經濟人」所定義的一樣「行為動機就是為了滿足自己的私

利，工作是為了得到經濟報酬」。人們很多時候的行為動機同時是為了維護「利」使用的道德與法律。但你一定要把維護以方便使用「利」的道德與法律動機省略，那只能是掩耳盜鈴。

如果別人確實是聾人，你當然可以偷盜成功，當別人正常時，你的理論就只能失敗了。

科學假設的目的，是為了探究我們未知的世界。例如，在沒有天文望遠鏡前，我們假設宇宙是怎樣的，以便我們研究，根據研究結果不斷修正假設。但是，我們現在已經有了天文望遠鏡，事實擺在眼前，你還說宇宙不是我們看到的那樣，而是你假設的那樣，那只能是個笑話了。

因此，一般人把「利」看成一種盈餘，我們這裡卻把「利」看成一種工作與應用狀態，這種狀態就是一種盈餘可用的工作方式。這種工作方式不再是「經濟人」，而應當看到「效率人」才是可持續的使用「利」的經濟發展的追求。

所有的「利」都是產出大於投入這樣一種高經濟效率的體現，而公司的目標是提高經濟效率，使員工在公司中工作可以獲得比員工單獨工作更高的經濟效率，使社會投入更少的資源、人力和工具，可以獲得更多的產品。公司的發展依靠使用先進的工具及其附帶的技術，可以開發更多的資源。公司的「利」來源於人們智慧的創造。

工商業人士把自己的「利」定位在效率上而不僅僅是利潤上，就光明正大的贏得了自己獲「利」的使用場所，也擺脫了與自私自利者的關係。

當然，「利」僅僅是我們生活中的一部分。我們還有自然資源需要守衛，人身衛生需要護理，精神家園需要寄托，文化素質需

要提升，等等。「利」可以讓我們在很多方面支持其他的事業，使這些事業變得像使用鋒利刀劍一樣輕鬆如意，這就是「利」的作用。但是「利」並不能引導其他事業的發展，而是因為我們的身心需要輕鬆如意，所以我們才追求「利」。

正因為我們人類要在自然、社會中尋找有「利」的元素，為我們所用，所以大家才能看到「天下熙熙，皆為利來；天下攘攘，皆為利往」的熱鬧場面。大千世界因「利」而動，混沌自然因「利」而分。

污染自癒現象——杜邦工業毒物實驗室方案

> 杜邦公司早在 1920 年代就意識到它的許多產品有著有毒的副作用，並著手消除這些有毒物質。杜邦公司在那時就開始消除這種影響，而當時其他的化學公司都認為這種影響是理所當然的。但以後杜邦公司又決定把控制工業產品有毒物質的業務發展成為一個獨立的企業。杜邦工業毒物實驗室不僅為杜邦公司服務，而且為各種各樣的顧客服務，為它們開發各種無毒的化合物，檢驗它們的產品的毒性，等等。於是，透過把一種影響轉化為企業的機會而消除了這種不利影響。

——節選自《管理任務、責任和實踐》

看了上面的例子，有人可能會說，杜邦公司如果不生產化工產品，不是就沒有污染了嗎？

公司需要提高經濟效率就必須使用一些高效率的工具，並且集中使用一些資源。這都會造成一定的環境問題。事實上，傳統的生活方式一樣會破壞環境。

例如，在古代社會中常見的刀耕火種，就是要燒毀大片森林然後利用其產生的天然肥料耕種。如果以人類今天的人口密度來

進行這種方式的糧食生產，污染會比使用化肥嚴重得多。

從公司的角度來說，在法律認可的範圍之內保護環境是義不容辭的責任，這也是使用當地資源因而與當地民眾簽訂契約關係的體現。當地民眾允許一家公司進行生產是允許公司生產出市場需要的產品，而不是對人體有害的副產品。

一般來說，只要捨得花成本，污染總是可以減少到可以被接受的程度的。如果一種產品產生的危害比獲得它的收益要大，那麼它就不可能被允許大批生產，而只能停留在專案實驗室裡。

在正常的國家裡，人們一旦發現某種產品生產過程中可能產生污染，就會有大量媒體報導，從而制止公司的污染行為。但真正最先知道產品生產中會產生污染的是這一行業的公司，鼓勵公司自己發現污染的情況，並建立污染風險管控標準是預防污染的最重要手段。

如果新產品有足夠大的生存空間，當產品進入競爭階段，其他公司也會進入這一行業。這時，如果公司可以事先建立污染風險管控標準，就等於為公司產品建立了技術門檻。這項技術可以申請專利，甚至可以賣給其他公司。

相反，如果新產品沒有足夠大的生存空間，無法吸引其他公司進入該行業，那麼隨著時間的推移，其他產品將因為有很多公司參與而逐步改進，在功能上代替這種新產品，最後這種新產品將失去市場。這樣，生產這種新產品的污染也將被控制在很小的範圍之內。而且由於它是新產品，也會格外受到社會的關注，社會力量更容易發現並制止其污染。

我們把這種良性的循環稱為**污染自愈現象**。

從杜邦公司的例子我們可以看出，如果想讓某行業減少污染，最好的辦法就是讓更多的公司有機會進入該行業之中。只有這樣，那些透過創新能解決污染問題的公司才會脫穎而出。因為基於本身獲「利」的需要而給出解決污染的技術方案，這種方案被行業中更多公司使用時，行業的污染才會減少，而出售解決污染技術方案的公司也將會受益。

創新擴張紅利現象——福特公司的加薪方案

> 在第一次世界大戰以前不久的年代是美國勞工處於極不穩定的年代，工人的困苦日益增加而失業率很高。在許多情況下，技術工人的每小時薪水可能低至一角五分。福特公司正是在這種背景中於 1913 年末宣布它保證付給其每一個職工五美元一天——是當時標準的兩三倍。詹姆斯·卡魯斯 (JamesCouzens) 是當時公司的總經理。他迫使他那個不情願的合夥人接受他的這一決定。亨利·福特完全知道他的公司的薪水總額會在一夜之間幾乎增加到三倍，但他還是被說服了，只有採取重大而明顯的行動才能取得效果。卡魯斯還期望，福特公司的薪水水準雖然增長為原來的三倍，但其實際的人工成本卻會降下來——而事態的發展不久就證明他是正確的。在此以前，福特公司職工的離職率很高，以致在 1912 年為了保持一萬個工人，必須雇用六萬個工人。在實行新薪水政策之後，離職率趨於零。它所節約下來的金額是如此之大，以致在以後幾年中，雖然所有的材料成本都急遽上升，但福特公司還是能以較低的價格制銷 T 型汽車，而從每一部汽車獲得更多的利潤。正是由於急遽提高薪水使得人工成本節省，福特公司才能在市場上占統治地位。福特公司的這一行動還改造了美國的工業社會。它使得美國工人基本上成為中產階級。
>
> ——節選自《管理任務、責任和實踐》

看到這個例子，我們會樂觀的認為也許自己所在的公司也可以透過解決社會問題、承擔社會責任，並以此為契機來發展壯大，做到名利雙收。不得不說，福特公司的例子確實十分有吸引

力，不過它的實施是很有限制的，那就是透過改變財富的分配方式，從而提高員工對公司的支持度，最終提高公司的經濟效率。

另一種可能是：可以從數學上簡單的預見，如果福特公司在當時再增加一倍甚至幾倍的薪水，公司就會入不敷出甚至倒閉。這對員工來說只會帶來更大的損失。

這種情況是員工或福特公司管理層都不願意看到的。換句話說，公司還是以提高經濟效率為核心，只是順應了經濟效率的提升，創新了原來的利潤分配方式，更適合公司提升經濟效率。

這種創新的理論基礎是：在公司產品處在推廣、競爭階段時要吸引、留住員工就要付給員工更多報酬，不然員工就沒有理由穩定的在這一家公司工作。當時福特公司所處的時代正是汽車工業高速發展的時代，而像福特公司這樣一家創造了流水線的創新公司的員工流動性太大，必須給予員工比平均水準高的薪水才能保持公司員工的穩定性。

我們把這種由於創新而規模擴張與員工收入提高兩者同步發生的現象稱為**創新擴張紅利現象**。

也就是說，只有在創新擴張中的員工紅利才是與經濟效率的增長相一致的。如果只是做傳承工作，社會財富沒有增加，員工的紅利就很難增加。

現代社會對於公司的社會責任的要求似乎是人們對政府社會責任的要求的翻版。在古代的中國，人們對皇帝抱有接近神聖的幻想。似乎只要有一個好皇帝就可以國泰民安、高枕無憂了。即使是生活在困苦之中，人們也幻想著皇帝是好的，只是被蒙蔽了。民眾除了幻想實在無法重塑社會結構，使自己過上幸福的生活。

國外也是一樣。把從希望強大的政府獲取外國的資源甚至是財富來解決社會問題的不切實際中改變過來，就是從掠奪型社會向合作貿易型社會的轉變。至於政府想透過大量發行貨幣來解決國內社會問題，在越來越多的國家被認為是行不通的。

　　杜拉克在《管理任務、責任和實踐》中寫道：「在所有的國家中，還存在愈來愈多的政府規劃的壓力──但對愈來愈多的政府支出和稅收的抵制也愈來愈大。但是，即使在日本、瑞典、德國這樣一些對政府還很尊重並有很高信念的國家中，即使最熱烈擁護政府採取積極態度的人也不再真正期望政府能取得什麼成果。即使最熱烈的擁護一個強大政府的人也不再認為一個問題一旦轉入政府手中就已解決了。其結果是，上一代曾高舉『政府』大旗的自由黨和進步黨人士，那些熱衷這些問題的人，現在則日益尋求其他的領導集團、其他的機構尤其是工商業來解決那些本應由政府解決但卻未能解決的問題。

　　「希望公司可以解決社會上的多數問題，其實是人們看到工商企業給社會帶來的巨大變化。這種生活上的變化過去看上去像天方夜譚似的。

　　「目前在絕大多數歐洲城市中還存在著十九世紀末葉的公寓式建築。它們很難說是『舒適的住宅』──空氣不好而又陰暗，簡陋的小套房，五層樓高而又沒有電梯，用煤或木柴的取暖設備只有客廳中才有，七口之家只有一個狹小而骯髒的浴室。但它們卻是為當時新興的中產階級建造的。幾乎沒有什麼衛生可言，小學以上的教育是少數人的特權，報紙是一種奢侈品。在目前的大城市中，汽車雖然造成了嚴重的環境污染問題，但與之相比，馬車畢竟更骯髒、氣味更難聞、使更多的人喪生和受傷，而街道上的擁擠狀況並不比汽車好。

「至於農村中的生活,即絕大多數人的生活,則只能說是更窮苦、更骯髒、更無保障、更野蠻。

「直到 1900 年或 1914 年,只有少數有錢人才關心生活的品質。對於所有其他的人來說,那只是在美妙的傳奇故事中才存在的一種『幻想』。那種傳奇故事成百萬的銷售,被年輕女僕及其『太太們』貪婪的讀著。而現實卻是每日麻木的為著一點點食物、一項枯燥乏味的工作、湊錢交付料理後事的保險費而掙扎著。」

現在一切都改變了,只要你在一家公司上班,每月賺的薪水足夠你租一間大房子,讓妻子兒女過上豐裕的生活。

於是,很多人幻想公司可以解決一切。公司必須承擔過去聖賢承擔的所有責任。

這些要求公司承擔的責任包含各項內容,有道德的、文化的、衛生的。總之,無所不有。理由很簡單,既然公司那麼有錢,為什麼不在其他方面做得更好呢?這似乎與道德家們經常說的「錢不是萬能的」不相一致。在這裡,我並不是諷刺道德家們,錢不是萬能的,而公司被要求承擔其職能以外的更多責任也必然不能實現。

那麼,公司的職能是什麼呢?其核心就是我們前面所說的提高經濟效率。只有提高了經濟效率,人們在生產中才可以投入更少的資源,獲得更多的財富,而更多的財富是人們物質生活的基礎。

公司在提高經濟效率中,會涉及市場方面的心理知識,設計方面的自然科學知識,人事、資源和設備方面的組織知識,員工領導中的心理輔導知識,等等。希望花費更多的時間、精力來研究這些知識的應用,就需要專業性,而其他社會責任也應當由專

業人員承擔起來，插手其他專業人員的領域是不負責任的表現。公司管理者應該能認識到：做好本分、提高經濟效率是一種很重要的社會責任。只要經濟效率提高了，紅利現象就會相應出現，其雇用的員工收入自然就會增加。

▎創新創業的組織：權衡利弊

創新創業的組織中到底是什麼因素最吸引投資人？投資人如何權衡創新創業的組織的優劣？創新創業的組織怎樣才能吸引人才進入組織內部？這些就是下面要分析的問題。

職能自動優化現象——馬雲告訴孫正義不缺錢

先講講我身邊的一個故事。我原來所在學校一位 A 老師的跆拳道課上得很好，其他幾位朋友就邀請 A 老師共同成立一家跆拳道培訓機構，A 老師技術入股也成為股東。後來跆拳道培訓機構生意不錯，A 老師與幾位朋友都有不錯的收益。

在這個 A 老師的例子中，我們看到 A 老師的工作並不帶有創意，但一樣有朋友願意在他身上投資。所以，獲得投資並不一定需要像有的管理書所說的具有那種全面的能力，只要能在一項職能上獲得超常工作效果，就會有人願意為這個專案投資。特別是其他職能工作內容都是在廣泛為人們所知的情況下。

只要新計劃中一項職能超越了競爭對手，就可以獲得盈餘，進而掌握更多的可用資源。一旦掌握了更多的可用資源，就為在更大範圍內實施新計劃提供了條件。

我們把這種社會上的人才自發尋找高效率職能運行方案，並

以此為基礎組成公司的行為稱為**職能自動優化現象**。

過去流行一時的影印機租賃服務公司，由辦公設備公司提供影印機設備，並負責後續的維護，包括耗材配件，企業只需按影印紙張數量付費。除了影印機，挖掘機等設備也有很多公司願意租賃給客戶。另外，像辦公場地，甚至模特兒、演員都可以從專業公司租賃。有人甚至把這種共用資源的模式稱為共享經濟。

當然，如果創新創業者掌握著獨到的創新計劃方案，那麼他將更受投資者青睞。

據報導，1992年，馬雲和朋友一起成立了專業翻譯社「海博翻譯社」，課餘時四處活動承接翻譯工作。當時海博翻譯社經營特別艱難，經常入不敷出。於是，馬雲就背著包包到別處去進貨，賣鮮花等，這樣過了三年，海博翻譯社才開始收支平衡。

海博翻譯社沒給馬雲帶來多少好處，只是讓他有了一次出國的機會。在美國，馬雲第一次從朋友那裡接觸了互聯網。不過，那個時候的馬雲對電腦甚至有一種恐懼：「我甚至害怕觸摸電腦的按鍵。我當時想：誰知道這東西值多少錢呢？我要是把它弄壞了就賠不起了。」

觸動馬雲的是，他好奇的對朋友說在搜索引擎上輸入單字「啤酒」，結果只找到了美國和德國的品牌。當時他就想應該利用互聯網幫助中國的公司為世界所熟悉。

有了想法就做，回國後的馬雲迅速辭了職，借了兩千美元，於1995年4月開辦了「中國黃頁」。這是中國第一批網路公司之一。1997年年底，馬雲和他的團隊在北京創建了外經貿部官方網站、中國商品交易市場等一系列網站。

但是，因為種種原因，馬雲發現在政府體制內的職業生涯明顯不太適合他。1999 年年初，他放棄了在北京的一切，決定回到杭州創建一家能為全世界中小企業服務的電子商務網站。回到杭州後，馬雲和最初的創業團隊開始謀劃一次轟轟烈烈的創業。大家集資了五十萬元，據點就設在馬雲位於杭州湖畔花園的一百多平方公尺的家裡。阿里巴巴就在這裡誕生了。

這個創業團隊裡除了馬雲之外，還有他的妻子、他當老師時的同事、他的學生以及被他吸引來的社會精英，如阿里巴巴首席財務長（CFO）蔡崇信，拋下一家投資公司中國區副總裁的頭銜和七十五萬美元的年薪，來領馬雲幾百元的薪水。

後來有了一定名氣的阿里巴巴很快面臨資金的瓶頸：公司帳上沒錢了。現在擔任阿里巴巴副總裁的彭蕾當時是負責管錢的。據她回憶，當時馬雲開始去見一些投資者，但是他並不是有錢就要，而是精挑細選。即使囊中羞澀，他還是拒絕了三十八家投資商。

就在這個時候，擔任阿里巴巴 CFO 的蔡崇信的一個在高盛投資銀行工作的朋友為阿里巴巴解了燃眉之急。以高盛為主的一批投資銀行向阿里巴巴投資了五百萬美元。這筆「天使基金」讓馬雲喘了口氣。

更讓他預料不到的是，更大的投資者注意到了他和阿里巴巴。1999 年秋，日本軟銀的總裁孫正義約見了馬雲。孫正義當時是亞洲首富，資產達三萬億日元。孫正義直截了當的問馬雲想要多少錢，而馬雲的回答卻是他不需要錢。孫正義反問道：「不缺錢，你來找我幹什麼？」馬雲的回答是：「又不是我要找你，是人家叫我來見你的。」

當我們看到馬雲面對亞洲首富投資的態度，都為他不缺錢的氣概所震懾，居然還有這麼不缺錢的創新創業者。不過，聯繫到前面馬雲創建了外經貿部官方網站這個細節就可以看出，馬雲在當時已經被外經貿部選為外經貿部官方網站的創建組織執行者。有了這個背景，就有理由讓蔡崇信放棄七十五萬美元的年薪來投奔他、孫正義要主動送錢給他使用。

馬雲創建的外經貿部官方網站就是他成功完成的一個設計計劃，這個專案是由馬雲提出，被外經貿部看中，於是決策出資變為現實的。

換一個角度來說，我們可以認為阿里巴巴是由孫正義發現了馬雲的專案，於是決策出資讓阿里巴巴由一個實驗的專案變成龐大可執行的計劃。

因此我們可以說，一個獨立專案之所以可以獲得投資者的認可，是因為投資者的決策找不到很好的計劃來執行，而獨立專案的運行者卻可以用實際計劃詮釋投資者的決策。所以，投資者往往是那些涉獵廣泛但缺乏實施專案方案的人，而獨立專案的運作者應當是那些有方案、操作專案能力強但沒有機會實施的人。

由於決策要經過完善的計劃才能形成有規模的大公司，因此對投資者來說一旦掌握了獨到的創新計劃方案，就意味著創新產品的啟動，巨大的利潤與機會有可能因此而產生，但創新計劃方案一定要能經得起實踐檢驗。

針對各行業各項職能自動優化現象是無所不在的，每個在市場經濟中工作的人都有機會提升自己所在職位的效率。投資者如果發現身邊職能部門人員能提升足夠的利潤空間，就可以促成創新創業，如果能實施獨到的創新計劃方案，則得到的利潤可能更

多,但方案一定要切實可行。如何對適合自己投資的創新專案進行判定,考驗投資合作者權衡利弊的能力。這也是市場經濟的機會所在。

效率平衡分配理論——你是想賣一輩子糖水嗎?

創新創業組織的首要工作是把外部人員吸引到組織中來。過去,公平理論試圖把人的感覺量化,是一種不可取的辦法。

如美國管理心理學家斯塔西·亞當斯(J·Stacy Adams)的公平理論認為:公平是一種比較,被稱為橫向比較,即他要將自己獲得的「補償」(包括金錢、工作安排以及獲得的賞識等)與自己的「投入」(包括受教育程度、所做努力、用於工作的時間、精力和其他無形損耗等)的比值與組織內其他人做比較,只有相等時,他才認為公平,如下式所示:

$OP/IP=OC/IC$

式中:

OP ——自己對所獲報酬的感覺;

OC ——自己對他人所獲報酬的感覺;

IP ——自己對個人所做投入的感覺;

IC ——自己對他人所做投入的感覺。

這裡分析一下亞當斯的理論,他用感覺作為標準本身就不可取,就像我們不能把冷、熱作為衡量溫度的標準一樣。永遠不會有 10 分冷、9 分冷、8 分冷這種以感覺為標示的科學公式。

只有以物的狀態標示物的狀態,例如,以水的沸騰與凝固來

非難湯管理學：效率人的企業

標定 100 度與 0 度，才是科學方法。

這裡介紹一種本書獨有的新的公平理論：**效率平衡分配理論**。

這種理論的要點在於以外部效率、內部效率兩方面的效率平衡來使員工不易於產生職位改變的想法，這是從員工對自己以經濟效率估算而產生心理上的平衡為出發點的。

首先是外部效率或者說市場效率。

也就是說，員工透過比較自己在人力市場中可以找到的工作以及從工作中獲得的各種財富（包括薪水及其他便利的服務，甚至是某些高級職務的鍛煉機會）與公司可以給予的各種財富，從而得到一個外部效率的比較值。

這裡有一個著名的例子：前百事可樂總裁約翰·史考利的市場能力聞名於世，尤其是在百事公司推廣「the Pepsi Challenge」，這項計劃使得公司從他的主要競爭對手可口可樂那裡獲得了市占率。1983 年，賈伯斯為了讓史考利加入蘋果公司，說出了一句著名的話，這極具煽動性的語言至今仍令人津津樂道———「你是想賣一輩子糖水，還是想跟著我改變世界？」

史考利被賈伯斯的言語打動了，加入了蘋果公司。這就是蘋果公司相對於百事可樂能夠給予史考利更多機會，這就是典型的市場效率的吸引力。

其次是內部效率或者說公司效率。

也就是說，員工透過比較自己在公司中完成的工作獲得的各種財富與其他類似工作的員工獲得的財富，從而得到一個內部效率的比較值。

外部效率決定員工是否願意在公司內繼續工作，而內部效率

決定員工在公司內是否會努力工作。

再說內部效率平衡：一個高收入的科研室裡有兩個能力相仿的發明家 A 與 B，一開始他們都拿著高薪，並且努力工作。但是如果其中一個發明家 A 慢慢變得工作自由散漫，也沒有受到任何處罰，那麼另一個原先勤奮的發明家 B 也會變得工作自由散漫，他會認為高薪是他在這樣一個職位上工作應得的，工作自由散漫也沒有關係。

這時，對於發明家 B 來說，積極工作反而會不合理，而對於公司來說，是沒有把握住按相同計劃工作給予相同報酬的原則。

當員工覺得自己獲得的外部效率較市場上的人要高時，那麼公司的員工就可以保持一種就業穩定。當員工覺得自己的內部效率相對公司中的其他員工持平或更高時，那麼他就會按計劃認真的完成工作。當然，內部效率要以外部效率為前提，因為如果員工在本公司工作都沒興趣了，那麼就不用談什麼在內部努力工作了。

有人可能會說，如果各個公司都拿出較外部市場更高的薪水，那麼豈不是形成了一種惡性競爭，公司付出的薪水越來越多，而工人還是在中上游薪水水準的公司穩定工作。

這一點要從以下兩個方面來說：

其一，薪水水準如果總是處在中下游，說明公司經營的產品處在衰退階段，本身就應當裁員。

其二，員工也不是總以薪水水準來看待外部效率。前面講到的一些便利條件，如員工已經熟悉了工作內容，可以更輕鬆的工作；工作地點離家很近，有利於照顧家庭等，都是外部效率的一

非雞湯管理學：效率人的企業

部分。能夠充分的利用好手中的優勢，許多經營實用、衰退階段產品的公司也不會在員工留用上處於絕對劣勢。

公司對內部效率平衡的應用也是如此，一般情況下我們只需要員工在內部效率上感到相同的投入下有相同的回報就可以讓員工按計劃工作了。

我們並不需要每個員工都有熱情的工作，因為熱情是一種奢侈品，有人說能隨時讓員工爆發出熱情來工作，那肯定是一種假的熱情。我們需要的是員工平常按計劃理性的工作，這時就應當平衡內部效率。

不過，當有人突發靈感產生自發創新之後，自然就會產生熱情。這種熱情的憧憬可以讓史考利拋棄當時的大公司——百事可樂，加入當時的小公司——蘋果公司。

創新創業的環境：天時地利人和

在創新創業之中，我們需要外界的支持。天時可以看成盈利的機會，這種機會既存在於經濟三要素的變動之中，也存在於區域效率不平衡之中；地利可以看成所在地域對市場經濟的支持程度；人和則是民眾對財富集中使用的認可程度，包括人們對工會這樣的組織的態度。

三要素公司聯動現象 ——小國投資的大前景

在第二次世界大戰中，經濟蕭條，工廠主人傑克看到百業俱凋，只有軍火是個熱門行業，而自己卻與它無緣。於是，他把目光轉向未來市場。他告訴兒子，縫紉機廠需要轉產改行。兒子問他：「改成什

麼？」傑克說：「改成生產殘廢人用的小輪椅。」兒子當時大惑不解，不過還是遵照父親的意思辦了。經過一番設備改造後，一批批小輪椅面世了。隨著戰爭的結束，許多在戰爭中受傷致殘的士兵和平民，紛紛購買小輪椅。傑克的工廠一時間訂貨者盈門，該產品不但在本國暢銷，連國外也有人來購買。

傑克的兒子看到工廠生產規模不斷擴大，財源滾滾，滿心歡喜之餘，不禁又向其父請教：「戰爭即將結束，小輪椅如果繼續大量生產，需要量可能已經不多。未來的幾十年裡，市場又會有什麼需要呢？」老傑克成竹在胸，反問兒子：「戰爭結束了，人們的想法是什麼呢？」「人們對戰爭已經厭惡透了，希望戰後能過上安定美好的生活。」傑克進一步指點兒子：「那麼，美好的生活靠什麼呢？要靠健康的身體。將來人們會把身體健康作為重要的追求目標。所以，我們要為生產健身器材做好準備。」於是，生產小輪椅的機械流水線，又被改造為生產健身器材。最初幾年，銷售情況並不太好。這時老傑克已經去世，但是他的兒子堅信父親的超前意識，仍然繼續生產健身器材。結果就在戰後十多年，健身器材銷量開始好轉，不久便成為熱門商品。當時傑克健身器材在美國只此一家，獨領風騷。

在這個故事中，我們看到工廠主人傑克之所以可以預測產業的興衰，從而及時轉行，是因為他看到了市場的發展趨勢。這個趨勢是經濟三要素的改變引起的。

國家之間因為資源分配問題而產生的戰爭，必然會讓很多人致殘，這就是一種趨勢。這種趨勢是經濟三要素之一的人口發生變化導致的市場需求變化。

能夠看到一種需求的增加，並加入這個市場，就等於進入一種有預期契約的生產方式，而不再是盲目生產。絕大多數領軍型公司不是按照契約進行生產的，而是由其企業管理者有遠見的按預期市場研發新產品，進而引導市場消費需求的。

同樣問題也體現在人們對資源的態度上。很早以前就有科學

家預測地球的石油資源將很快用盡,於是包括美國在內的很多國家不再在本國開採石油。實際上,隨著科學技術的發展,人們發現很多原來不可以使用的石油資源變得可用,於是包括美國在內的許多國家又重新開採石油。石油被稱為工業的血液,由於石油開採態度的轉變,對許多國家的很多行業產生了較大的影響。

經濟三要素中的工具、人力和資源由於其所有者不同,並且在經濟中產生的作用也不同,因此我們要特別關注其對公司營運的影響。

我們把經濟三要素變動必然對公司營運產生影響的現象稱為**三要素公司聯動現象**。

中國於2001年加入WTO,當時中國製造的成本,特別是人力、土地成本很低,很多廠商在外資的帶領下,在2001年之後接到大量與外貿有關的訂單,從而快速成長為出口導向的廠商。在這一輪經濟浪潮中只要是老老實實開廠,就會有訂單,從而成就了一大批企業家。這也可以看成中國公司發現海外市場趨勢後的一次成功。

不只是人口需求的改變,人口數量的改變也越來越被管理學家們重視。

羅賓斯在《管理學》第八版第二章中寫道:「你聽說過『人口決定命運』這句話嗎?這句話的意思是:一個國家的人口規模和人口特徵對一個國家的成就有重大影響。例如,專家們認為,到2050年以印度和中國為首的新興經濟體將在總體上超過已開發國家。一些低生育率的國家,如澳洲、比利時、丹麥、挪威和瑞典等,將被排除在前三十強經濟體外。」

人口到底能不能成為決定國家富強、市場擴容的決定性

原因呢？

答案當然是否定的。

歷史上，有很多原來弱小的城市與民族都在人口有限的情況下實現了無與倫比的富強。如古雅典、古羅馬、英國。這些國家都以自己不大的本土為核心，建立起了一個強大的文明區域。

過去，很多人只預期短期經濟要素，如中國企業抓住入世機會取得成功確實是利用了人口優勢，但由於種種原因，其對科學的貢獻極為有限。真正大國的興起要依靠科技文化的領先，隨著科學技術進步而產生的人口、工具和資源的變化往往被羅賓斯等人忽視了。

隨著人類科學技術的不斷進步，人類進軍太空之後，將有取之不盡的資源可以利用。

隨著文明國家擁有的資源的增加，其生育率也會隨之增加。如英國人當年到達美洲之後，人口迅速增長。而英國本土的生育率卻變化不大。也就是說，文明的民族會根據當時的資源選擇適宜生育比例，現在一些歐美國家的生育率之所以低下，是因為這些國家的民眾感覺培養後代的資源太少。但這些國家在工具與人才資源方面有著印度、巴西這些所謂資源大國無法比擬的優勢。人才資源是一個國家最寶貴的資源，這一點永遠不會有所改變。

如果人類在火星及其他星球站穩了腳，能夠實現食品自主供給、材料資源自主供給、醫療自主供給、工具本地製造自主供給，那時將有大量歐美民眾移民到外星居住，屆時將不再有因資源不足引起的大量煩心事，大量人口將生育出來。原來的歐洲小國只要願意即有可能成為世界性的富強國家。

從這裡可以看出，一味的把資金投入現有的人口大國以占據市場，其實是一種傳統貴族的投資方式。能夠看清更文明、更科學的社會制度存在的國家，把資金投入其中，在未來建設成世界性的大公司也並非不可能。

三要素公司聯動現象中，人力、資源與工具會相互關聯，改變市場對各種產品需求的數量及品質。能夠預測到市場需求的改變，就可以提前制定計劃，組織生產，滿足市場需求，賺到超過平均水準的利潤。

分公司效率擴散原理——SONY 廣州工廠的出售

公司要想在一個地域內長期發展，就要使用本地的資源、人力甚至部分工具。這就涉及對自身如何在所在地域市場立足的理解。傳統管理理論對這一問題沒有清晰的認識，而對於要在許多地域發展的多國公司想要在東道國營運得長久更為迫切的需要這些知識。

> 《日本經濟新聞》稱：2016 年 11 月 7 日下午 5 點（日本時間）SONY 東京總部公開的一份資訊資料成為引發這場騷亂的契機。
>
> 資料的內容是 SONY 將以 9,500 萬美元的價格將該公司位於廣州的全資子公司「索尼電子華南」出售給深圳市的中國上市企業。
>
> SONY 這家子公司主要生產智慧型手機配備的攝像頭的重要零零件，向美國蘋果公司大量供應產品。該子公司在中國擁有 4,000 名員工，是 SONY 為數不多的大型工廠。據 SONY 解釋，此舉為重組措施的一環，不得不出售該子公司。
>
> 3 天後的 11 月 10 日，在廣州市郊外綠蔭環繞的 SONY 廣州工廠內，員工突然吵鬧起來。
>
> 「我們沒聽到任何要出售（工廠）的消息。今後會繼續雇我們嗎？給我們補償金！」（編者註：此處為日語翻譯而成）

年輕員工高喊著這些口號離開了生產線，奔向工廠的出入口。員工不斷聚集，並封鎖了出入口，導致工廠陷入停工狀態。

聖誕節將近，在迎來一年最大商戰期的時候舉行示威活動對 SONY 的打擊不言而喻。15 日，示威隊伍與警察發生激烈衝突。其間有人受傷，並有 11 人被逮捕。

SONY 廣州公司的出售讓我們反思一個問題，那就是跨國公司的產生及實質。

最早的有關多國公司的事跡，在杜拉克先生的著作《管理任務、責任和實踐》中有記載：

「有關多國公司的神話很多。一般人都認為多國公司是完全新的並且的確是沒有先例的。其實它也是一種舊趨勢的復活。十九世紀就有很多多國公司。而且對於多國公司的恐懼也不是什麼新東西。最明確的反對『美國人接管』的呼聲可以見之於 1900 年英國的書籍和雜誌論文中。

「不論在美國還是在歐洲，十九世紀的重大科學技術發明幾乎立即導致多國公司的出現，即在許多國家產銷商品的公司。十九世紀中葉的德國西門子公司就是這種情況。在其德國母公司成立後，英國和俄國的子公司幾乎立即就跟著成立了，而且這些子公司的發展多年來幾乎超過了其母公司。麥考密克收割機公司及其競爭對手英國的福勒收割脫粒機公司也是在十九世紀多國化的。勝家縫紉機公司和雷明頓打字機公司也是在獲得最初的專利權以後不久就多國化了。在二十世紀初，當瑞士的化學和製藥公司多國化時，這種趨勢更加快了。飛雅特公司和福特汽車公司都是在建立了以後不多幾年就在國外建立子公司的。在一九二〇年代時，聯合利華公司和荷蘭皇家殼牌公司這樣的目前多國企業的原型就建立起來了。

「五十年代和六十年代興起的多國公司的浪潮在很大程度上是第一次世界大戰以前那種趨勢的復活，而並不是一種完全新的發展。它代表著被第一次世界大戰打斷的經濟活力和成長能力的復甦。即使從形式上看，目前的多國公司同第一次世界大戰以前的發展也極為相似：一家母公司連同一些完全歸它擁有的在其他國家中的子公司和分公司。聯合利華公司和荷蘭皇家殼牌公司是兩家由英國和荷蘭合資的公司，在兩個國家中有母公司和高層管理及其總部。這種公司比起不久以前的新的多國公司來，在結構上更像真正的多國公司。」

對於之所以會產生多國公司或者說跨國公司，在《管理任務、責任和實踐》中提到過去的主要觀點有兩種：「關於多國公司的另一個神話是，它完全是或主要是美國發明的。」

「一般流行的關於多國公司產生原因的解釋，較之對其性質的解釋，更為不對。人們一般都認為，多國公司的產生是對貿易保護主義做出的一種反應。他們認為，由於公司無法輸出產品，於是只好在國外設廠。這種解釋雖然看起來似乎有理，但並不符合事實。」

杜拉克認為是共同的市場造就了多國公司。而共同的市場是由於通信技術的進步使人們有了共同的需求，地球成為一個地球村。從表面上看，這似乎有道理。他是這樣描述的：

「一種大量的需求是，人們要求有些機動性——以及有些動力——即要求能獲得汽車所提供的滿足。這種滿足，以前除了極少數非常有錢的人以外是無法實現的。另一個普遍的要求是，要有些衛生保健，使得一個小孩能有相當的機會長大成人，維持合理的健康水準並不受疾病傷殘的威脅。還要求有受教育的機會；

要求能接觸廣闊的世界，即透過新聞媒介、電影、無線電、電視機使得廣大群眾能瞭解世界。千百年來，群眾的知識、視野、眼界被束縛於他們周圍的山谷和小鎮中。其中，每一個人都瞭解其他每一個人，而且每一個人都過著相同的生活。人們還要求有一些『小的奢侈』，即事實上表明個人已脫離貧困的束縛的一些東西，如口紅、棒棒糖、飲料和芭蕾舞鞋。這些已成為全世界性的需求。它們不是以豐裕為依據，而是以更有力的一種東西即資訊為依據的。如果說世界並不像加拿大作家馬歇爾·麥克盧漢（MarchallMcLuhan）所說的那樣已成為一個『全球村莊』，那麼它肯定已成為一個『全球購物中心』。」

杜拉克認為的共同需求產生的市場其實很早就存在，歐洲人很早就需要中國的絲綢，並很早就知道這一資訊。不過，這並沒有產生多國公司。有人可能說這是因為沒有公司，但相似的組織總是有的，局部的自由市場也總是存在的。而且只要是人，共同的基本需求是相同的。通信技術如電視機、收音機只是科技進步的一部分，並且不是什麼特殊的部分，僅僅依靠它們是無法產生跨國公司的。並且既然是「共同需求產生的市場」，那麼各國公司在其他國家設立跨國公司的比例應當差不多，以便互補有無建立「共同需求產生的市場」，但現實並非如此。事實上，只有技術先進的公司才有建立跨國公司的興趣。

那麼，是什麼產生了跨國公司呢？這對於其他管理學理論來說簡直難以解釋，但本書使用的是經濟效率理論，公司的存在就是因為執行可以提高經濟效率的計劃，從這個角度來看，對跨國公司產生的原因就很容易理解了。

那就是同樣的公司生產技術或生產計劃，在相對封閉的市場之中的經濟效率相差是很大的。於是，一些技術先進的公司就試

圖把自己的生產計劃在其他國家或地區複製，從而獲得高經濟效率的回報。

而且跨國公司應當可以看成總公司在其他區域設立分公司的放大版本，這個放大是指將市場由一個國家擴展到世界上的許多個國家。

換句話說，就是一家公司在本國已經進入實用階段的技術，可能在其他國家還處在實驗階段，於是公司希望把技術帶到他國，並且獲得這項技術在該國推廣時的轟動效益以及巨大的經濟回報。

我們把這一理論稱為**分公司效率擴散原理**。

在過去為什麼跨國公司較少？除了古代沒有自由的市場之外，近代跨國公司之所以少是因為經濟效率不足以抵消當地政府的稅收以及人們背井離鄉開設公司所需要的開銷。換句話說，當地方政府能夠從跨國公司得到高額的稅收、人們在異國他鄉可以獲得巨大的經濟回報時，跨國公司就順利的在世界各國產生了。

例如，如果外來的鐵匠的加工水準與本地人差不多，本地人就很有可能在許多地方偏袒本地鐵匠。但當外來的鐵匠可以帶領附近人學習他的高超技藝，並推動當地鐵器的銷售額大增時，那麼外來的鐵匠就會比本地那個平庸的鐵匠更受重視。秘密就在於此，當世界各地獨特的工藝技術可以滿足其他地區的要求時，跨國公司就有了生存的巨大空間。

還要強調一點，這種跨國公司技術傳播就如科技創新本身一樣，是有一定時效性的。一旦當地人學會了跨國公司傳播過來的技術，那麼跨國公司高經濟效率的回報時代就結束了。

在市場經濟成熟的國家，肯定會有許多跨國公司，以便能夠把其他國家對本國有益的文化與科技產品不斷的引進。

如果索尼公司可以較早的認清跨國公司傳播技術的本質，那麼它們就應該對本土化或者撤離有一個心理準備。這說起來有點殘酷，但是這並不專指跨國公司，對於技術人員的創新也是一樣的。如果一位技術人員的創新在專利期內不能創造出足夠的價值，那麼在專利保護期外，他就必須與其他人平等的使用這項技術了。

相反，如果索尼公司把這些年在中國投資的高回報拿回日本搞出新技術，那麼它仍然可以充分利用現有的工廠，在中國繼續投資生產，也不至於要出售在中國的公司。因此，認清跨國公司創建專案類似於創新專案在推廣、競爭階段高經濟效率的實質，對於管理好跨國公司還是很重要的。

榮譽立憲主義 —— 突然合格的降落傘

第二次世界大戰時，美國士兵使用的降落傘經常出現打不開的現象，政府部門與製造降落傘的公司反覆交涉就是不能做出合格產品。後來一個將軍想到一個辦法，就是讓生產降落傘的廠商的管理者在交貨時先背降落傘跳一次傘，結果美國士兵使用的降落傘突然百分之百的合格了。

在現實社會中，公司與政府打交道的時候較多，突然合格的降落傘的故事就是處理公司與政府關係的一個很好案例。

中國的管理學書籍中沒有明確政府與企業關係的理論，這可能是不好意思說或者不能說，不過在管理大師杜拉克的書中有政府與企業關係兩種模式的論述。由於這是一般書籍中很難見到的

內容,所以我在這裡引用如下:

> 教科書還在把自由放任作為資本主義經濟(即「市場」經濟)中企業同政府之間相互關係的典範。但是,首先,自由放任是經濟理論的一種模式而不是政治理論和政府實踐。除了邊沁(Bentham)和年輕的彌爾(John Stuart Mill)以外,在過去兩百年中,沒有任何一個重要的或有影響的政治學家提到過它。其次,即使作為一種經濟理論,自由放任只在英國於十九世紀中葉實行過一個較短的時期。
>
> 為企業與政府之間的關係確定了準則的只有兩種差異很大的政治模式。它們可以分別稱為重商主義和立憲主義。
>
> 在重商主義模式中,經濟被看成是國家的政治統治,特別是軍事力量的基礎。國家的經濟和國家的統治被看成是共存的。兩者基本上都是組織起來反對外部世界的。經濟的主要職能在於為民族國家反對外來威脅提供生存的手段。在民族國家內部,可能有摩擦、衝突、競爭、爭吵,但正如在一個被圍困的堡壘中一樣,所有的爭吵和分歧都停留在圍牆之內。
>
> 重商主義在十七世紀末葉最初形成時的原始概念是,把企業看成是金銀貨幣的供給者,以便用以支付給士兵,而士兵則保衛國家的獨立和生存。亞當斯密推翻了這種推理方式。但是,重商主義模式仍把在國外競爭方面所取得的成就看成是政治統治的經濟基礎。出口是其目標和考驗。
>
> 立憲主義模式在十九世紀主要產生於美國。它基本上把政府看成同工商企業處於敵對地位的關係,兩者之間的關係由法律來規定,而不是由人來確定,要在公正的基礎上來予以處理。
>
> 立憲主義同重商主義一樣的不相信自由放任。它也認為政府不能置身於經濟和企業之外。立憲主義和重商主義都認為,「工商企業非常重要,不能由工商界人士去單獨處理」。但重商主義所採用的方法是領導、指引和給予補助,而立憲主義卻說,「你不許」,並應用反托拉斯法、管制機構和刑事起訴。重商主義鼓勵工商企業,幫助它朝著有利於加強國家的政治實力和軍事實力的方向發展。立憲主義者卻決心使工商企業處於政府之外,認為它會招致腐化,並為工商企業的活動制定政治道德的規範。

——節選自《管理任務、責任和實踐》

重商主義就是以保衛國內經濟為借口，把政治之手伸到經濟領域，從而實現政治家們對經濟的控制。

立憲主義則是以保護國家政治權利為理由，防止出現經濟領域可能對政治方面產生影響的問題。

從政治與經濟的定義來說，重商主義是一種政治、經濟不分的理論。但正是這種理論在一個國家的市場經濟成長初期對市場經濟從表面上看是有利的，已經戴上公司帽子的封建貴族們按照這種理論可以拿出錢來開辦半國營性質的工廠，而不會遭到其他貴族的嘲笑，因為重商主義打著愛國主義的旗子。僅此而已。戴上公司帽子的封建貴族們會在其他地方破壞市場規則，干擾自由貿易，除了在生產上做著公司的樣子，其餘地方都可以打著愛國的旗號行使貴族的特權。當然，隨著貴族們經商的成功，這個國家在政治上會變得更加開明。

立憲主義則與政治的本意要契合得多，政治的目標就是要合眾人之力保衛民眾生命。在公司的經營中，少數人會不顧環境污染、勞工健康而進行「短視經營」。法律系統對這些不合法的經營進行監督與管理當然是必要的。

政府除了在法律規定範圍內的常規監督外，還應當有對突發事件的緊急處理方法。

立憲主義過去遇到的主要問題就在於需要與公司進行合作。《管理任務、責任和實踐》中描述道：「曾經在 1960 年代把人送上月球的美國國家航空和航天局是一個比防務採購更為模糊不清的領域。國家航空和航天局是一個政府機構，但美國的航天事業卻是許多獨立而自治的組織為一項共同任務而在一起工作的合作事

業。這些組織包括政府機構、大學、個人尤其是企業。其法律上的結構是一種契約關係，而實際工作卻是在一種合夥關係中進行的，在許多情況下由私營企業擔任領導工作，制定公共政策並確定目標和標準。國家航空和航天局的一位官員解釋道：『在防務採購中，總是由政府派出檢查員到承包商的工廠中去控制其工作。而在國家航空和航天局，以下情況並不是罕見的，卻由作為承包商的私營企業派出一名檢查員到一個政府機構中去控制政府的工作。』

其實這種合作並不損害立憲主義對公司的監督，這就與重商主義對國外商船徵稅並不意味著放鬆對國外商船的監督一樣。立憲主義實行自己的保衛民眾的計劃，而不是獲取更高經濟效率的計劃。保衛民眾過程中的所得，要看民眾給予的獎勵，這是一種貴族式的以榮譽為己任的工作方式，報酬應該只是政治家們次要的追求。

從這點上來說，政府派到承包商的檢查人員也應當以榮譽為主要的工作目標。如果能真正做到這一點，那麼在與承包商的合作中就不會出現腐敗的問題。

我這裡不是說整個政府都要靠榮譽感來支撐，而是認為政府也應當分成創新與計劃兩部分。計劃部分應當按法律或政令嚴格執行，而創新部分應當由有榮譽感的人來執行。其中，與經濟有關的領域對政府來說都是創新部分，而需要政府參與管理的都是與安全有關的部分。

現在航空航天局的事務之所以要與政府合作完成，是由於這個專案的危險性很高，以至於它現在可能關係到公司之外民眾的生命安全。當有周密的計劃可以使航天事業如汽車一樣安全

時，公司就可以獨立全面的維護其運行，政府則應當全身而退。很多人認為這是不可能的，但據統計，飛機就比其他交通工具更安全。

日本政府在明治維新期間就成功的從市場中抽身退出，從而投入本職領域。

首先日本政府允許各類人士對政府政策進行評論。

福澤諭吉在 1877 年撰寫的《分權論》中指責「有司專制」時說：「你想要從事商業嗎？如果不依靠政府，就難以獲得生財的本錢。偶有要依靠政府者，但政府已獨自先行一步。你想要開墾土地，想要開鑿礦山嗎？其結果都會如此。」

福澤諭吉具體抨擊官辦企業時說：「對於那些過去是藩士族今天是官員的人來說，從事工商業是他們的最短處。另外，資本的自由遠沒有超越日本政府。那些拙於經商之人，掌握著巨額資本，指望其中沒有揮霍浪費之事，是萬萬不可能的。」

田口卯吉是明治初期的經濟學家。關於自由發展貿易問題，他的觀點比福澤諭吉更為徹底：「世上往往有些政府崇拜論者，他們都覺得『政府』這個詞有很偉大的力量，以種種借口增加官營企業，其要義在於主張官營企業雖有壟斷之弊，但其事業仍不應由民所有。」田口卯吉舉例說，民辦鐵路比官辦鐵路運費便宜，郵遞公司比驛傳局更為便利。他指出：「壟斷之可怕不在民辦企業，而在官辦企業。」

隨著經濟的逐步發展，普通民眾與民辦企業也認識到官辦企業與民爭利的害處。例如，當時的繅絲業者就曾投書報紙反應政府辦的勸業場財大氣粗，民間繅絲業者幾乎被排擠出市場。「我縣官府，為促進民眾真正的興產之力，不應使勸業場過於興盛。

為向外部誇耀勸業之盛，就應獎勵人民之一般興產，以圖富裕之基。不期永久之實榮，只圖一時之虛榮，難成勸業之盛也。」

面對各方對官辦企業的批評，1880年11月5日，明治維新時期政府公布工廠轉讓概則，這標誌著民進國退政策的重大變化。政府的理由是：「為獎勵工業而創辦的各廠，規模現已具備，業務已臻發達，是以政府擬將所管各廠，漸次改歸民營。」雖然政府表述稱這些官辦企業或半官辦企業移交民辦時可以獲利，然而後來的大藏卿鬆方正義在其他場合卻承認政府直接管轄下的許多事業完全無利可圖，非但不能成為國庫財源，還導致其虧空。

自由市場經濟的確立，少了官辦企業與民爭利，是明治維新時期經濟跨越的一個重要原因。1885年前後，日本出現了一個創辦企業的熱潮。1884—1890年，日本的各種公司由702家增加到3,092家，增長了約3.4倍，資本額由1,340萬日元增加到18,936萬元，增長了約13.1倍。1880年代初，外貿業開始出現順差，改變了明治維新以來一直逆差的狀況。

政府應該堅持執行自己的計劃，不以重商主義的「愛國行為」為目標，也不以立憲主義防止經濟領域對政治的影響為目標。

我們把本書所說的，在普通經濟領域採用法律規範，實施立憲主義，有創新但與安全無關的經濟專案也應當由法律規範，在關係安全的創新問題上實施榮譽介入原則的做法稱為**榮譽立憲主義**。

有了榮譽立憲主義的概念，對於作為承包商的私營企業派出一名檢查員到一個政府機構中去控制少量的政府工作也就不會感到突兀了。用於規範政府的多數成型的法律就是為了滿足社會安全而制定的計劃，本身就應當接受社會的控制與監督。如為公

司辦理營業執照，本身就應當接受公司的監督，這是法律之內的事。按部就班的進行那些經過時間考驗的行動不會出什麼問題，麻煩往往出現在那些新專案上。

再回到突然合格的降落傘的故事，政府人員找到了一種簡單高效的方法：公司負責人只要願意為榮譽親身嘗試危險專案，政府人員就判定專案合格。

政府的目標是保衛民眾的安全而不是盈利。這種保衛民眾的榮譽感要求政府工作人員制定智慧的合作原則，讓公司與民眾都對政府工作人員的做法大加贊賞。而不是像現在一些參與衛生事業的官員一樣，站在創新的對立面，為他人冒險進行新藥品服用實驗的危險患得患失。對官員來說，不能獲得榮譽的官員做幾年就應當轉行，讓更有能力的人來接著做，這中間沒有像公司一樣按經濟效率評定的因素。

公司只有與真正為榮譽而工作的官員合作時，才會給公司帶來民眾認可下的經濟效率提升。如果公司想要利用政府的力量或法律空子來設置隱形的壟斷瓶頸，只能是引來自身創新的停滯，在不知不覺中被社會淘汰。

市場壟斷與資源壟斷——美國汽車行業的衰敗

我們先看一個有關市場壟斷的例子。

> 從內部來講，通用汽車公司顯然是可以出色地進行管理的。但是，1920年代中期以來，即自它在美國汽車行業中占領先地位並佔有了美國汽車市場總額的一半或一半以上時起，它的管理當局就知道它已不能再占有更多的市占率了；否則，就會碰到反托拉斯法的問題。這在很大程度上說明了該公司雖然充分意識到自己所冒的風險，卻決定不與50年代和60年代初次出現的自外國進口的小型汽車競爭。

通用汽車公司如果試圖擴大其市占率,那是沒有道理的。實際上,從各種理由來看,通用汽車公司都只應該維持其占百分之六十以下的市占率（而這已大大高於早期的通用汽車公司管理當局認為合適的水準）。由於上述考慮,通用汽車公司把汽車市場的「低檔的一頭」讓給了外國進口汽車,而集中力量於市場的中檔和高檔。這當然是市場中獲利較多的部分。但這也意味著美國製造的汽車即使在其本國市場上也缺乏真正的競爭力,無法保持領先地位。到了 70 年代初期,進口汽車成了底特律各汽車公司的一種挑戰,威脅到美國的收支平衡和美國在世界經濟中的地位,汽車市場有許多部分已被外國汽車（開始是德國的大眾汽車,以後是日本汽車）所占領。美國汽車界試圖反攻,但已極為困難了。

——節選自《管理任務、責任和實踐》

過去經濟界人士談壟斷,總是存在一個誤區,那就是不分市場壟斷與資源壟斷的區別。

我們都知道,在自由社會中人的工作選擇是自由的,所以沒有人可以形成壟斷。技術設備的專利也有保護期,過了保護期之後,其民眾賦予的壟斷特許也就消失了。現在剩下的似乎就是資源與市場的壟斷。

在許多國家,自然資源是屬於國有的。這種自然資源的壟斷給民眾帶來了很多麻煩,所以多數民眾厭惡這種壟斷。關於資源的屬性問題,我在《幸福經濟學》一書中做了充分的詮釋。

不過,令人驚愕的是,各國政府對資源的壟斷視而不見,卻從市場消費這種由人心決定的事情中看到了壟斷的影子。我甚至在網上找不到資源壟斷的任何正式定義與介紹。因此,我們把針對資源的壟斷稱為資源壟斷。

但事實是,根據經濟三要素原則,只要人力、工具、資源是可以自由交易的,那麼產品就可以由任何人來生產。既然任何人

都可以進行產品的生產，那麼就不存在市場的壟斷。因此，在人力、工具和資源可以自由進入市場的國家裡，不存在市場上的壟斷，哪怕這家公司的市占率占到該國市場的 100%。

電話、煤氣之類的公司之所以會給人一種天然壟斷的錯覺，是因為它們與一些國家的政府相勾搭，獨占了進入消費者住宅的特許權。如果政府特許煤氣、電話公司進入消費者住宅的權利可以更大一些，那麼就會有更多的公司進行這項業務，從而打破壟斷。一棟房屋有兩條煤氣管道，就像一個人有兩個手機號碼一樣正常。而且煤氣管道建設是一次性收費，而煤氣的使用是可以換不同公司的產品，那麼就沒有哪個公司可以形成壟斷。

當一家跨國公司進入一個新市場時，就應當注意這個國家的反壟斷法律是針對資源反壟斷還是針對市場反壟斷。如果是針對資源反壟斷，如針對家族世襲礦山、土地徵收遺產稅，使得資源可以進入自由市場，就是真正的自由市場經濟的一種體現；如果是針對市場反壟斷，那麼就說明這個國家是在為資源的壟斷鋪路。

壟斷使該國的資源專門為少數人所有，如果有公司要創新就必須從這些壟斷者手中高價購買資源，這使得創新本來應當獲得的高經濟效率為壟斷者所佔有。這樣就會使創新變得無利可圖，最終從根本上限制該國各行業的創新動力。

就拿通用汽車公司的例子來說，限制其更大比例的占領市場只是由於一些特權集團需要保證另一些汽車公司不被兼併。而這些中、小汽車公司由於有政府及納稅人的不斷輸血，才使其真正的長期占據了自然資源，實現了真正的壟斷。這種資源壟斷使得美國的汽車工業裹足不前，真正的創新公司得不到有效的自然資

源供應，從而被日本、德國的汽車公司反超。

工會的壯大困境 ——工會在過去更受歡迎

工會組織的產生源於西方的工業革命，當時越來越多的農民離開賴以為生的土地擁入城市，為城市的工廠雇主打工，但薪水低廉且工作環境極為惡劣。在這種環境下，單個的被雇用者無力對付強有力的雇主，從而誘發工潮的產生，導致工會組織的誕生。

隨著二十世紀後期新自由主義的興起，各已開發國家的工會勢力有所衰減。在美國，1950 年大約有 33% 的工人加入工會，而 2003 年時僅剩 13%；一些高移動性的產業（如製造業）在遇到工會運動時，往往以遷廠作為要挾。

工會組織之所以會取得知識分子階層甚至國家管理者的認可，是因為一些公司的高層本身有違法的行為，而員工可能因知識與能力有限，無力反抗與舉報這些違法行為。

互助與防止侵害是工人們自發形成的要求，即使沒有工會之名，三五個工人也會聚集在一起，在遇到困難時相互幫助，在受到侵害時相互聲援。產生抱團的原因就在於員工們在執行同一個公司下發的計劃，在同一個場所一起工作。從這個角度來說，員工們形成的工會組織是不可能被徹底清除的。

在工業革命初期，員工們即使抱成團，也無法在媒體上有自己的代言人，因此不能有效的表達自己受侵害的權益，所以法律賦予了職員們遊行、罷工的權利。但是現在不同了，在互聯網時代下，員工可以輕易的在互聯網上表達自己的意見。

如果組織職員為過去談好的薪水罷工，那麼就會讓人感到與

契約精神及法律相抵觸。畢竟現在員工是自由的，而且員工成本很高，如果工人一再要求加薪，公司最後可能會倒閉，這種結果對工人與社會都是不利的，這就是工會的最大困境。

工會的困境就源於它本身不能創造有價值的東西，而是一種互助抵抗災難的組織，這與政府的功能類似。如果公司的行為越來越合法，那麼工會就沒什麼好抵制的。

公司的計劃是為了高效率的產生財富，如果工會的計劃是阻礙公司高效率的產生財富，那麼整個社會就會把工會看成社會的反面。工會如果自身想高效率的產生財富，那麼它就必然變成公司的模式。也就是說，如果工會變成了一家公司，這就與工會的宗旨不符，我們也就不稱之為工會了。

我們把這一現象稱為**工會的壯大困境**。

當員工的合法利益受到侵害時，由工會這樣的組織站出來為員工說話，維護社會法律秩序對社會是有利的。因為工會可以把不合法的商人舉報出來，從而提升了檢舉不法商家的效率，讓合法的商家有更大的市場空間。

因此，工會針對的是員工所屬公司的具體計劃，而不是公司這個概念內的所有組織。在過去大公司聯合壟斷資源時，工會聯合與之對抗也有合理性。但在反壟斷法普遍實施的今天，這種合理性也逐漸消失。只有工會針對會員所屬公司存在的問題而工作，它才是一個有用的附屬社會機構，這樣才能擺脫工會的壯大困境。

Chapter 2
理事如火的小公司及公司專案管理

創新創業立項：火中取栗

創新創業要想在眾多大公司中找到自己的一席之地，就要找準自己的專案定位，這在充分競爭的市場是十分不易的，如同火中取栗一樣既要機智也要自信，不能對大公司有所畏懼。

小公司藏身的魚刺區域──成功的房地產代理商

> 美國大城市周圍的郊區一般都有著過多的房地產代理商。其中絕大多數都只能勉強維持。有一個地區的一個房地產代理商由於制定了一個領先地位的策略而發展了一項雖小但非常獲利的業務。當在 1950 年左右開始從事這項職業時，他仔細的考察了他所在的地區並發現該地區的主要「行業」是高等教育。雖然當地的許多居民早出晚歸的到附近的大城市去上班，但也有相當數量的人是住在當地的比較富裕的教師。這些教師在二十多所大專院校中教書。在美國的所有職業中，年輕的大學教師的離職率可能是最高的。這些年輕教師一般在一個地方教幾年書以後就轉到其他地方的學校中去教書。這個地區的二十多所院校每年要雇用五百多個新教師，離職的人數也與此相當。這位年輕的房地產代理商決定把力量集中在這個市場上

並為它提供所需要的服務。他還發現，他可以用最低的成本同這個市場直接接觸。因為，各個院校準備雇用的新教師和在學年結束時準備離開的教師的名單，當然在幾個月以前就已經知道了。而每個院校當然很高興有一位可靠的人來承擔為新教師尋找住房這樣一項困難而麻煩的任務。其結果是，這位房地產代理商所做的生意為其同等規模的事務所的三倍，而所花的費用卻最小。他每年的成交量為五百到一千所房屋，仍然不算大，但他所獲得的利潤卻幾乎為一般郊區房地產代理商的四倍。

——節選自《管理任務、責任和實踐》

我們過去看到這個例子時都會說這是小公司找到了自己的獨特領域，從而在市場中站穩了腳跟。

不過，我們能不能從大公司的角度來看這個問題，那就是為什麼大公司不能依靠規模優勢，既經營其他業務，也占領這些小公司的市場領域。不解釋這個問題，就不能讓人們擺脫對大公司利用規模優勢的恐懼，針對大公司的稅收政策等也就不可能消失。

從其他方面如市場、人才、資源甚至道德的因素都不能說明大公司為什麼不更上一層樓去占領那些利潤豐厚的小市場領域。

只有把公司放在一種實施計劃的團體這種本質層面上，才可能認知大公司對小市場領域的放棄。

公司都是以專案計劃為起點開始工作的，董事會也一樣。董事會本身做決策工作，但董事會本身的運行是按計劃行事的。不過，董事會是一個自己為自己制定計劃的機構，由其根據公司核心專案的實際情況制定公司決策部門的計劃。

大公司的規模是以一個龐大的計劃可以平穩的運行為基礎的，如果這個大計劃在一些區域表現出不適應以及經濟效率不

高，那麼就會有中、小公司用針對性的計劃在這些區域取代大公司，占領市場。

　　大公司是很難在針對性的市場與中、小公司競爭的，因為針對性的市場需要針對性的計劃。而這將會在大公司計劃中產生很多例外，使許多員工認為習以為常的傳承性工作受到創新精神的挑戰，這對大公司計劃的平穩執行是不利的。

　　即使是在專案部中，與小公司相比，專案部做出很多計劃時都不得不與其他部門溝通以及向管理者彙報，這樣就耽誤了產生新專案的寶貴時間。不要說大公司人才濟濟，就是從大公司人才必須向管理者彙報這一點來說，大公司就很難競爭得贏小公司。更不用說，小公司的管理者是自然競爭之後存留在本行業的人才，而大公司所謂的人才不過是管理者認為的人才。如果不依靠公司的資源，專案部僅僅從創新的速度來說，遠遠比不上小公司。

　　一旦中、小公司的創新專案面世，就等於無形中獨占了市場，並把中、小公司的名稱與產品本身無形聯繫起來，這是一種無形的廣告。後來者只能作為競爭者，來競爭中、小公司的市場。這種先手地位要求大公司能調動大量資源，以規模上的優勢來取勝，否則就會出現大公司被中、小公司擠出市場的現象。

　　從大公司的計劃制定與實施來看，在本公司已有領域把核心計劃制定得能適應創新，已經花費了很多精力。如果要想研究與分析其他中、小公司領域的計劃，又要花費很多精力。如果這些事情由大公司負責人去做，那麼他將在兩個領域接受創新者挑戰，從而花費雙倍的精力還顧此失彼。如果大公司負責人把這項工作派給其他人去做，那麼，就會出現派出之人掌握了中、小公

司領域的計劃，而他的上司卻知之甚少。

最終派出之人可以利用上司對專案的不瞭解獲得大量的個人利益，這不僅可能是金錢，而且可能是權威。與此相比較，中型公司反而不需要計劃得那麼嚴密，更易於在多個領域有所成就。總之，大公司派出搶奪中、小公司市場之人會成為一個特殊群體。計劃整合的執行者總是執行與大公司不同的計劃，永遠成為大公司平穩運行中的一個變數。

如果大公司的計劃不能包容中、小公司的計劃，成為一個核心母計劃，那麼大公司這種對中、小公司市場的占領就像吃了一口魚，但鯁了一根刺在喉嚨中一樣。

我們把大公司不能兼容小公司的計劃區域稱為**魚刺區域**。

小公司藏在魚刺區域就有了自己的立足點，可以厚積薄發累積資本，以壯大自身。

從這點上來說，害怕大公司會通吃一切的人，就如崇拜自由世界會出現一個通曉一切的偉大聖人一樣不現實，再偉大的公司計劃也有其針對性與適用性。當然，偉大的公司因為提供的計劃可以解決許多複雜性、專業性的需求問題而偉大，中、小公司也可以透過自己針對性的決策及計劃，解決細節領域的需求問題，從而在市場競爭中獲得一席之地。

公司大、小按專案劃分理論——福特汽車是小企業嗎？

杜拉克舉出一些大、中、小企業不能單純以規模與人數來衡量的例子。

1966 年，美國政府的小企業管理局裁定美國汽車公司是小企業，

並有權以特殊的和很優惠的條件借款。當時，美國汽車公司在規模上居美國所有製造公司的第六十三位，並且是世界上最大的一百家製造公司之一。其銷售額達十億美元並有三萬名職工。但是，政府的裁定並不是完全沒有道理。美國汽車公司在美國的汽車工業中的確只能算是一個侏儒。其銷售額不超過該行業中最大的企業通用汽車公司銷售額的二十分之一。美國汽車業中規模排在美國汽車公司前面的克萊斯勒汽車公司的銷售額有它七倍那樣大。美國汽車公司在美國汽車市場中所占的比例不超過百分之三四，的確小到難以維持的程度了。

美國汽車公司在當時和現在當然都不能算是一個小企業。它是完全不同的另一種問題——一個規模不恰當的大企業。但這個例子卻表明，企業的規模不僅是一個量的問題，而且在許多情況下，一個企業到底屬於什麼規模的確是極不明確的。

傳統上用一個企業職工人數的多少來衡量其規模。美國商務部多年來在其工業分析中把職工人數少於某一數量的企業叫作小企業——原來為三百至五百人。職工人數的確是重要的。例如，當職工人數超過一千人，就必須有系統的人事管理工作了。職工人數超過一千人的企業要求有一些小企業通常沒有的政策和程序。但是，有一些企業的職工人數雖然不多，如果不把它們算作大企業，至少也要算作中等企業。還有些企業，其基本管理要求很低，但職工人數卻超過了一千人。

一家擁有三四百位專業諮詢人員和十幾個辦事處的管理諮詢公司，從職工人數來講是一家小企業。但從其管理要求來講，卻的確是一個很大的企業。一家像普賴斯·華特豪斯這樣的世界性會計公司，擁有四五千名專業職工在三十幾個國家工作，或者是六十年代中發展極為迅速的多國廣告公司中的一家公司，的確應該算是一個龐大企業了。但是，如果它沒有超出可以管理的界限，那麼即使從職工人數來看，也只能算是一家中等企業。

但是也有這樣的例子。一家總部設在歐洲某一小國的多國製造公司，製造並銷售重型裝備和機械工業中使用的高精密設備。整個公司的職工只有在約十個國家中工作的一千八百人，沒有一個辦事處或工廠的職工超過四百人。從事製造工作的職工人數很少，在五個工廠中

> 一共才有四百人，其餘的都是設計工程師、服務工程師、冶金專家等。這家公司啟用的人數雖少，卻是相當大的一家公司，並且必須按照大公司來經營。其複雜性超過了它的規模。
>
> ——節選自《管理任務、責任和實踐》

如何判定企業的大小呢？杜拉克舉出了以下粗略的方法。

> 真正能表明企業規模的整體概念是管理和管理結構。小企業至多只要求一個人專門從事高層管理的工作而不從事其他任何職能工作。……
>
> 中等企業在某種意義上講是最重要的一種企業。在中等企業中，第一把手已不再能單靠自己就真正認識和瞭解企業中真正重要的每個人了，而必須徵詢一下自己最親密的兩三個同事並以集體的名義而不是以個人的名義來回答有關這方面的問題。在中等企業中，對企業的成績和成果有著重要意義的關鍵人物可能達四五十人。……
>
> 如果一個企業中處於頂層的少數人集團不徵詢其他人的意見或參考圖表資料，也難瞭解企業中有哪些關鍵人物、他們在哪裡、從哪裡來、在做些什麼、可能到哪裡去，那麼這個企業就是一個大企業。
>
> ——節選自《管理任務、責任和實踐》

這種方法讓人感到脈絡不是那麼清晰，也就是說它沒有一個共同的標準。其實對於大、中、小企業或者說公司規模一個最基本的判斷方法就是其創新專案的數量。

本書從創新的角度對大、中、小公司進行劃分。其劃分方法如下：

如果一個公司的所有創新專案是由總經理親自主持管理的，那麼這個公司就是一個小型公司。

如果總經理對一個公司的所有創新專案中的主持人員都很瞭解，並能幫助他們推動實現創新專案的目標，那麼這個公司就是

一個中型公司。

如果一個公司的創新專案多到總經理都瞭解不過來，公司的重點是推動總公司的核心計劃的改進與推廣，並以總公司完善的計劃整合的人力、財力，支持各個子公司或專案小組的創新，那麼這個公司就是一個大型公司。

這一理論被稱為**公司大、小按專案劃分理論**。

我們從這個分類中可以看出，按計劃生產的普通業務，並不能提供多少現金，對大公司經濟效率的提升也沒什麼幫助，可以看成一種更加接近市場資源的機構。當然，這種接近市場資源的優勢可以更方便的在組織方面實施計劃創新，如採用流水線生產，實際上就是在組織方面的計劃創新，如果沒有以龐大的組織為基礎，是很難獲得設計流水線的一手資料，更談不上實施這種創新了。

回過頭來說美國汽車公司的例子，它的現金擁有量不足以支撐它完成許多創新專案，那樣就會讓它的創新專案缺乏投入而失去競爭力。因此，它屬於一個中、小公司，這與它的員工人數或銷售額無關。

如果一個小型公司想要成為一個中型公司，那麼它就要有足夠多願意接受其總經理領導的創新專案經理，這些人要與總經理有一些性格上的默契。如果其中一兩個創新專案經理與總經理有觀點上的對立，就會導致整個公司的營運不順暢，這時減少專案成為一個小型公司或者換人就成為一種必然。

如果一個中型公司擁有別人難以代替的核心計劃，那麼，它就可以利用這種核心計劃產生的高額經濟效率，找到許多為公司投入財富，從而共同工作的夥伴。這些夥伴並不需要與總經理志

同道合，只要他們願意執行核心計劃，並把執行核心計劃與自身創新專案結合的收益部分上繳公司，那麼這就是一個大型公司。

大型公司的子公司也可以有自己的創新專案，總公司對這些創新專案可能不知曉，當然也沒有必要知曉。只要子公司向總公司上繳部分收益，它們就是一個共同體。

如果公司的核心計劃沒有吸引力，或者子公司不願向總公司上繳部分收益，那麼總公司就會再度成為中、小公司。

有人可能會舉出相反的例子，如福特公司的老福特就用管理小公司的模式管理著龐大的福特公司，在老福特管理的後期福特公司不可謂不大。確實有人會用管理小公司的模式管理大公司，但這種管理必然伴隨著舉步維艱以至於日漸衰敗。原因很簡單，依靠一個人管理創新專案的公司就很容易被模仿與超越，一旦公司的專案計劃精髓被其他公司掌握，那麼其他能夠同時進行多專案創新的公司就很容易在各個細分市場上實施細節上的創新，從而在各個細分市場上占據優勢。而以小公司管理模式管理的大公司一旦要創新，就需要整個公司計劃的全面更改，計劃的全面更改意味著組織、生產和銷售等領域的全面變動，這對於一個規模巨大而由一人負責創新專案的公司來說是難以接受的。因此，我們可以很明顯的看到，老福特這個創造性的使用流水線的創新奇才，卻不願意更改福特汽車的顏色。可以肯定，如果老福特經營的是一家小公司，一定會毫不猶豫的更改汽車的顏色以迎合消費者的需要。

可以看出，福特公司在其規模還很小時，就能以流水線為核心，進行全方面、多角度創新，做的是大公司的工作，於是能從小公司變成大公司。當福特公司規模很大時，其創新能力銳減，

這時其規模雖然很大，但創新專案少，它所做的是小公司的工作，因此它會很快入不敷出，有了破產的危險。

所以，判斷一個公司的大小，主要是看其創新的能力，大公司沒有創新也就沒有了生機，必然會變為一個小公司。

底線公平理論──公司恐怖陰影的產生與消亡

在過去，就有很多人對掌握一定技術或資源的公司無比恐懼。大家可以看一下杜拉克對大公司的描寫。

> 把今日美國人的祖輩嚇壞了的大章魚───洛克菲勒巨大的標準石油托拉斯，於 1911 年由美國最高法院命令分解為十四個部分。三十年以後，在美國進入第二次世界大戰的前夕，標準石油公司的這十四個子公司中的每一個，從其雇傭人數、資本金額、銷售額和其他方面來看，同最高法院分解它時的大章魚相比，至少有四倍那樣大。可是，在這十四個子公司中，只有三個可以算得上是重要的石油公司，即澤西標準石油公司、美孚石油公司和加利福尼亞標準石油公司。其他十一個子公司只能算是中小規模的，在世界經濟中只起著很小的作用，甚至起不了什麼作用，而且在美國經濟中也只起著有限的作用。

──節選自《管理任務、責任和實踐》

我們對大公司的恐懼從大公司創建之初就有了，多數人雖然說不出大公司到底做了哪些壞事，卻對大公司懷有恐懼感，因為更多的人不知道大公司在做什麼。

而那些從貴族身分轉換過來的社會上層人士還以封建時代的心理看待公司。認為公司就是像貴族佔有、出租土地一樣是單一、一成不變的。這些人由於在經濟上已經失勢，所以許多心思放在文化上，基本掌握著過去一直佔有的話語權。

事實上，沒有哪家公司可以不透過創新以迎合消費者，從而長期占據市場。

　　大公司更利於組織大規模的既定產品的生產，只是在計劃創新上相對中、小公司有優勢，這種計劃創新比起專案創新一般需要更長時間、更多的投入。所以，分配到一般員工的可期望紅利不一定有中、小公司多。這樣，大公司不一定有優勢可以留住最優秀的人才。如前面舉的阿里巴巴首席財務長蔡崇信的例子，拋下一家投資公司中國區副總裁的頭銜和 75 萬美元的年薪，來領馬雲幾百元的薪水，還有賈伯斯說服原百事可樂總裁約翰·斯卡利進入蘋果公司的例子。

　　若高層人才能在市場上充分流動，人們對大公司的所作所為將不再陌生，那種源自對貴族巨大權力的恐懼也會漸漸消失。

　　過去，人們常對本地大公司的倒閉存有恐懼感，因為那樣會造成本地人口的失業、地方財政稅收的減少。但是，隨著資本市場的充分發展，公司即使倒閉也可以由其他公司收購，失業的人口也可以進入其他公司繼續就業，除非社會上不再需要這種產品，但人們因為需求產生的消費慾望只會隨經濟效率的提升而增多，這些消費慾望會創造出更多工作職位。

　　實際上，自由市場使人們瞭解到公司對利潤的追求是與社會上最迎合消費者需要的產品聯繫在一起的，而能不斷創造迎合消費者需求的產品是受到社會中絕大多數人的歡迎的。

　　遺憾的是，在印度這樣的國家，話語權只是掌握在少部分上層種族手裡，因此即使大部分人可以從自由經濟中的大公司獲益，但是由於缺失話語權，所以絕大部分人只能受到愚弄。以沃爾瑪為例，它可以為更多消費者提供優質、低價的產品，但是少

數小商販由於受到競爭的衝擊就可以遊行以阻止沃爾瑪的進入。但更多數的消費者卻不會為獲得優質、低價的產品而遊行以反對小商販的自私自利。這就是消費者話語權的缺失，或者說他們已習慣於被迫放棄權利。

當然，這種習慣於被迫放棄權利的現象不只是在印度，在歐美已開發國家也有很多壟斷的國家福利機構，如加拿大的國家醫療機構。它們像貴族一樣有著巨大的話語權，與上層人士有著千絲萬縷的聯繫，而面對它們冠冕堂皇的收費理由與不思進取的態度，消費者總是習慣於被迫放棄權利。

這種權利的放棄與壟斷話語者的恐怖威脅是分不開的，作為現實中最明顯的例子是對待電腦技術的偏見。

現代人對於電腦技術的恐懼可以說是一種鋪天蓋地的恐怖主義在引導，描寫這種恐怖的人大多數沒接觸過電腦技術。

中國著名的《邏輯思維》節目就說電腦的普及會造成人的極度分化，一部分人因為懶惰而欣然接受人工智慧的一切服務，所以更懶；另一部分人將在人工智慧的應用中成為巨富。

用過去的一些經濟理論來理解，這種現象將變成現實。不過，在現實中不會實施那些經濟理論，在新的《幸福經濟學》的理論之中，這是完全不可能的。

按《幸福經濟學》的理論，資源是平均分配的，如果一個人在社會中的財富降低到零，那麼他可以回到自己的一畝三分地，重新過自給自足的農業生活。他不會因為懶惰而成為富有者的附庸。只要國家保證即使公民破產仍然保留佔有一定資源的權利，那麼公民就不可能變成附庸。

這種保持人力與資源的底線公平，進而保證底線人格自由的理論，我們稱之為**底線公平理論**。

　　對於應用人工智慧可以賺到大錢，從而成為一手遮天的巨富的想法，與過去很多時候有人挑起人們對大公司相同的恐懼一脈相承。

　　按照經濟發展規律，人工智慧也是可以模仿的機器，只要這種技術過了專利保護期，別人就可以學習，到時你的人工智慧產品進入實用階段，就只能獲得社會平均的經濟效率。所以說，在人工智慧時代和其他時代一樣，只要你不再創新，那麼你的產品將很快被淘汰。由於人工智慧時代機器的數量龐大，就給各行業的創新留下了巨大空間。所以，技術人員無須害怕找不到工作。

　　依靠底線公平理論的保障，隨著新自由經濟理論的深入人心，更多普通人成為有自發創新能力的公司員工，更多消費者會對冠冕堂皇理由的不合理收費說不。

▍專案計劃：真金不怕火煉

　　專案計劃要能以公司的優勢為突破點，只有真正有價值的優勢才會像真金一樣閃閃發光，引導公司向前發展。同樣，在做專案時要讓真正有創新能力的人集中起來發揮所長，確實做到專案群策群力，而不是只重用高學歷者。對於過去一直難以解決的衛生專案，也可以從古代傳承的方法中找到真諦，用智慧的方法予以解決。

優勢部門驅動方理論——福特公司 T 型車的成敗

說到計劃部門的驅動方式，先看一個福特公司的例子。

1908年10月1日，T型車正式推向市場，很快就贏得了美國消費者的熱愛，取得了巨大的市場成功。這個巨大的成功是和T型車所包含的重大創新密不可分的。實際上，T型車的誕生不僅僅是一種車型或者設計的創新，而是汽車生產方式乃至大工業生產方式上具有劃時代意義的創新。

最初推向市場的T型車，定價只有850美元，相當於當時一個中學教師一年的收入。這背後的生產效率差異是，同時期其他公司裝配出一輛汽車需要700多個小時，福特僅僅需要12.5個小時，而且，隨著流水線的不斷改進，十幾年後，這一速度提高到了驚人的每10秒鐘就可以生產出一輛汽車。與此同時，福特汽車的市場價格不斷下降，1910年每輛車的價格降為780美元，1911年每輛車的價格下降到690美元，1914年每輛車的價格則降到了360美元。最終每輛車的價格降到了260美元。

福特公司先進的生產方式為它帶來了極大的市場優勢。第一年，T型車的產量達到10,660輛，創下了汽車行業的紀錄。到了1921年，T型車的產量已占世界汽車總產量的56.6%。T型車的最終產量超過了1,500萬輛。福特公司也成了美國最大的汽車公司。

到了一九二〇年代中期，由於產量激增，美國汽車市場基本形成了買方市場，道路及交通狀況也大為改善。簡陋而千篇一律的T型車雖然價廉，但已經不能滿足消費者的需求。面對福特汽車難以戰勝的價格優勢，競爭對手通用汽車公司轉而在汽車的舒適化、個性化和多樣化等方面大做文章，以產品的特色化來對抗廉價的福特汽車，推出了新式樣和不同顏色的雪佛蘭汽車。雪佛蘭汽車一上市就受到消費者的歡迎，嚴重衝擊了福特T型車的市場份額。

然而，面對市場的變化，福特仍然頑固的堅持生產中心的觀念。他不相信還有比單一品種、大量、精密分工、流水線生產更加經濟、更加有效率的生產方式。他甚至都不願意生產黑色以外的其他顏色的汽車。亨利·福特宣稱：「無論你需要什麼顏色的汽車，我福特只有黑色的。」

每當通用汽車公司推出一種新產品或者新型號時，福特總是堅持

其既定方針，以降低價格來應對。但是，降價策略成功的前提是市場的無限擴張。1920年以後，市場對於T型車這樣簡單的代步型汽車的需求已經飽和，消費者需要的是更舒適、更漂亮、更先進的新型汽車。1926年，亨利·福特做了最後一次絕望的努力，宣布T型車大減價。但過去的效果不再有了！這一年，T型車的產量超過了訂數。亨利·福特繼續堅持大量生產，結果就是巨大的庫存積壓。最終，亨利·福特也不得不承認失敗。1927年，T型車停止了生產。

——節選自《管理任務、責任和實踐》

從福特公司的例子中我們可以看出，福特公司以技術創新為驅動，帶動了本身產品價格的降低、品質的提升，從而成就了龐大的市占率。但是，後來福特公司又因為無視市場要求的行為遭到了失敗。那麼，計劃部門是否應該以技術為導向，來完成整個公司計劃呢？

在公司的管理中也會經常遇到這種困惑。既然計劃部門中包含設計與市場部門，那麼到底哪一個部門才是計劃的源頭？或者說是以市場引導設計，還是以設計引導市場？這是讓很多公司頭痛的問題。

其實這個問題必須用更深一步的認識論來解釋。

設計是對自然知識的應用，而市場是對消費者心理需求的把握。

也就是說，這是兩種截然不同的知識體系的計劃部門。所以，兩者並不衝突而一定要產生由一方引導另一方的問題。

可能大家會說，那不是跟沒說一樣。這與現實中我們的計劃需要以設計或市場其中一部分為起始的常識不是有悖嗎？

是的，我們認為設計與市場在理論上是並行的兩種計劃內

容，但實際上我們以公司當前的優勢部門為驅動方，作為計劃的源頭。

我們把這種做法稱為**優勢部門驅動方理論**。

也就是說，科學家們如果有新的設計，那麼他們以新設計為驅動方，而市場部門的計劃則只要去模仿別人的市場計劃，就可以形成一個以技術為驅動的整體公司經營計劃。

作為一個公司，它的興起可能是偏向於設計或者是市場中的一個方面。一旦公司成長起來，創業的專案變成了主要的工作計劃之後，仍然可以用公司強勢的領域作為驅動方。

這不影響在設計與市場兩方面尋找自發創新的機會，進行新的專案。至少要在競爭對手的專案成功之後，確保自己的專案跟得上。這時，如果競爭對手成功的創新了市場的專案，而自己的公司還在追求設計的專案驅動，那麼很可能設計專案沒有目標而遙遙無期，但競爭對手在市場專案上已經遠遠的把你甩在了後面。所以，這個時候應當穩定設計專案並以競爭對手的市場專案為依據，迅速推出新的市場專案，並同競爭對手一樣，以市場專案為驅動，推出針對整個公司的工作計劃。

從福特公司的例子中我們可以看出，當時汽車製造的技術驅動遇到了瓶頸，而依靠市場驅動的通用汽車公司正在興起。這時，福特公司沒有暫停技術驅動轉向已經有成功跡象的市場驅動，所以福特公司的失敗也就在情理之中了。

創新優勢集中原則——大公司突擊式管理模式的失效

在討論這個問題之前，我們先看一下杜拉克舉的突擊式管理模式的例子。

每一個人都知道並顯然在期待著,當一陣突擊過去了,三個星期以後,事情又恢復老樣子了。一陣突擊節約的唯一結果往往是解雇一批送信人員和打字員,於是年薪四萬五千美元的經理人員被迫去做周薪一百五十美元的打字工作,自己來打字——而打得又很糟糕。但是,許多管理當局卻未能由此得出結論:靠突擊畢竟辦不成事。

　　靠突擊來管理不僅沒有效果,而且會指引向錯誤的方向。它把全部的注意力集中在某件事上,而不顧所有其他的事。一位靠危機來管理的老手有一次總結說:「我們用四個星期來削減存貨,然後我們又用四個星期來降低成本,接著又用四個星期來突擊人際關係。我們剛剛花了一個月時間來突擊顧客服務和禮貌;然後存貨又恢復到了原來的水準。我們甚至沒有打算要去做自己的本職工作。全體高層管理人員所講、所想、所談的都是上周的存貨數字或本周的顧客意見。我們如何去做其他工作,他們甚至連知道都不想知道。」

　　在一個靠突擊來管理的組織中,人們或者丟開其本職工作而投入當前的突擊工作,或者沉默的對突擊工作集體怠工,以便做自己的本職工作。在這兩種情況中,他們都對「狼來了」這種呼聲充耳不聞。當危機真的發生了,當一切人手都應該放下手頭的一切投入解決危機時,他們卻認為這又是管理當局製造的一次歇斯底裡。靠突擊來管理是混亂的一種明確標誌,也是無能的一種自我承認。它表明管理當局沒有動腦子,尤其表明公司不知道對管理者的期望,也不知道如何指引管理人員,而是把他們引向錯誤的方向。

——節選自《管理任務、責任和實踐》

　　突擊工作真的如杜拉克所說的那樣,是管理混亂的明確標誌嗎?絕大多數創業過的管理者在心裡都會不以為然。突擊工作在創業初期是不可避免的手段,而且是一般創業者成功的必要手段。沒有突擊工作中不顧一切的精神,很難完成那些別人還未發現與理解的創新專案。

　　當然,把創業或專案中突擊的做法用在按計劃工作的部門,就會使按計劃工作的各個部門不能適應突擊帶來的衝擊。因為這

些部門拿著按計劃工作的薪水,現在被要求做著計劃與創新兩項工作。同時,那些沒有突擊的部門卻還只是拿著計劃的薪水,做著計劃的工作。這會讓很多人覺得自己的薪水與付出不相匹配。並且適應了按部就班工作的員工,一下要把計劃與創新兩種工作同時做好,顯得更加困難。

此外,由於總體計劃沒有改變,組織與計劃都不支持這個突擊改變的部門。在其他一個部門也進入突擊狀態的情況下,原來的突擊部門就失去了組織部門的集中支持,或者說原來突擊改變的部門除了失去金錢支持外,還有管理者的關注,從而不能再同時進行計劃與創新兩項工作,而大多數臨時起意的創新,也由於失去後續支持以及與總體計劃不相融而消亡。

所以說,我們需要有一個部門有足夠的資金與計劃支持其創新,這個部門就是專案部門。

我們把創新專案人員、資源、工具集中起來設立獨立專案部門的原則稱為**創新優勢集中原則**。

不只是資金與計劃,從員工的角度來說,也很難滿足創新與傳承共同發展的團隊。沒有創新優勢集中原則,員工們很難去支持提高經濟效率的創新。

我們再看杜拉克舉的另一個例子。

> 一家化學公司的一個主要部門的能幹的管理團隊卻多年來未能開發出一種十分急需的新產品。他們年復一年的向公司高層管理當局報告說,那種新產品的準備工作還沒有搞好。最後,領導直率的問那位部門經理,他為什麼拖延這項顯然對他那部門的成功至關重要的方案。他回答說:「您看到了我們的薪水報酬方案了嗎?我本人是領取保證薪水的,但我那整個管理集團的主要收入是來自同投資利潤率相聯繫的紅利。這項新產品是本部門的未來,但在五年到八年卻只有投

> 資而沒有收入。我知道，我們已經耽誤了三年。但您真的期望我會從我最親密的同事們的嘴中搶走他們的麵包嗎？」這個故事有一個良好的結局。對薪水報酬方案做了修改 ——有點像杜邦公司多年來對新產品實行的方案。杜邦公司在一項新產品投入市場以前，並不把其開發費用列入一個部門或子公司的投資之中。結果，一兩年之內就研製出了這種新產品並投入銷售。

——節選自《管理任務、責任和實踐》

管理者想在部門內部找一些人做創新工作，減少其他員工工作量的行為會被全體員工視為背叛。杜邦公司採用的是把專案以獨立費用的方式列出來，使之能不受干擾，不會受原來部門同事搶走麵包之類的指責。當公司有許多專案要平行進行時，很難統計與協調其中創新的內容。

而專案部門可以把各個部門中自發創新的創意集中起來，融合各個部門的創新想法，同時把具備創新必要技能的人集中起來，進行專案創新。在專案創新有一定成果後（一般是指創造出成功的樣品），再把專案融入公司的總體設計之中去。

這樣，既不會使原先的管理團隊的利潤率指標受到影響，又可以使各專案小組的工作目標十分明確，不受干擾的完成創新專案。

當然，在公司規模小的時候，專案創新還很少，不能養活足夠多的專案創新人員。這時專案創新人員仍然可以組成專案小組，不過可以半脫崗的工作。一些時間做專案的工作，按專案收取紅利；一些時間按計劃工作，按計劃獲得薪水。這些都不影響專案部門的獨立存在。

把各部門的專案小組集中起來，形成專案部門，可以使公司對各個專案的進展有一個全面的瞭解，這樣把專案融入公司

總體計劃時,就不會相互衝突。有條不紊的進行各個專案,而不會突擊式的顧頭不顧尾,完整的計劃創新可以使日後的執行更加順暢。

新英雄用武之地──諾貝爾獎得主中村修二的憤怒

據《朝日新聞》報導,2014 年獲諾貝爾獎的中村修二,這個在日本企業中成長起來的科學家去了美國還成了美國人。這背後有個「憤怒成就諾貝爾獎」的故事。雖然獲得諾貝爾獎,但中村修二在接受採訪時表示仍是「一肚子氣」。

1979 年,中村加入日亞化學工業公司(以下簡稱「日亞」),負責製造紅色發光二極管。但是這種技術已經面世多年,所以日亞的產品銷路差,中村在公司裡日子很不好過。他說:「上司每次見到我都會說『你怎麼還沒有辭職?』這把我氣得發抖。後來我製作出了明亮的藍色 LED,公司去申請了專利,卻只給我了 2 萬日元獎金,而專利跟我沒任何關係,這讓我氣上加氣。我將公司告上法庭,法院判決公司給我 200 億日元。但公司不服裁決上訴,經過長達 4 年的拉鋸戰之後,法院最終裁定公司賠償 8.4 億日元,我也只能接受這種結局。我前往美國繼續進行研究。但我離開公司後,他們還懷疑我洩露公司機密,我還被這個老東家告上法庭。憤怒是我獲獎的動力,如果沒有憋著一肚子氣,就不會有我今天的成功。」對於加入美國國籍,中村修二表示乃是無奈之舉。他表示:「在美國從事 LED 方面的研究,沒有美國國籍就無法獲得軍方的預算,同時無法從事與軍方相關的研究,於是我決定加入美國國籍。」

據報導,2000 年,中村修二被華裔校長楊祖佑三顧茅廬請至加州大學聖巴巴拉分校。學校為他配備了研究團隊,甚至讓團隊中的研究人員到日本工作一年學習日語,為中村修二營造一種日本文化環境。

日本的人才為何會流失呢?從上面中村的例子看,肯定有人獲得了中村研發藍色 LED 專利的好處,而中村作為發明者受益很少。這說明中村的薪水是按一個普通技術人員來發放的,而沒有

按多勞多得的原則來支持中村持續創新。

公司是不是應當建立一種支持創新的部門，在這個部門之中，把各個部門中有創新想法的人集中在一起，分成若干個專案小組，以公司的資源支持這些專案小組的創新？

對於員工來說，自己創業創新一是需要太多資金；二是小公司經不起失敗，一旦員工自己創業失敗就面臨在職場中重新開始的壓力。所以，員工也會願意加入這樣的創新小組。

畢竟現代社會想單槍匹馬做出創新產品已經很難了。杜拉克在《管理任務、責任和實踐》中寫道：「同十九世紀後期形成尖銳對比的是，這一次，新工藝技術的大多數將在現有的企業中產生，並應用於現有企業之中。在十九世紀後期，主要是發明家個人在發明：一個西門子、一個諾貝爾、一個愛迪生、一個亞歷山大·格雷厄姆·貝爾（Alexander Graham Bell），都是一個人獨自工作，至多有一些助手。在那個時候，成功的把一項發明付之應用很快的就形成了一個新的企業。但並不是企業產生新的發明。而在目前，預期做出創新的將愈來愈是現存的企業，常常是大企業──簡單的原因是，創新所需要的有訓練的人和資金都在現存企業、通常是大企業中。」

利用大公司龐大的人力優勢，把分散在決策、計劃、組織、領導各部門中的有創新想法的人集中在一起，讓他們瞭解到自己創新在決策、計劃、組織、領導各部門推行可能遇到的瓶頸，從而認識自己創新在實際運作中的可行性。如果可行，再在專案部門中小量試驗新產品、新技術，最後由決策機構判定是否可以在公司中大規模應用。

同時，專案部門的產生，也消除了員工們因為創新想法得

不到支持而離開公司的遺憾。設計人員一旦有了創新工作的動力與目標，中村修二這種因英雄無用武之地離職的遺憾也不會發生了。

專案小組與專案部門建立之後，應該有更大的財富使用的自主權，因為它的管理應當更像是小公司在創業。有時甚至可以讓他們形成獨立的經營核算體系，這樣才能讓專案小組的成員更加瞭解工作的緊迫性。

公司決策層應當利用自己的經驗，支持想做事、有能力、有責任心的員工，並且不能害怕失敗，為公司不斷計劃創新提供更多專案創新的選擇。

可以說專案小組就是各行業人員解決具體問題施展才華之地，因此我們把專案部門又稱為**新英雄用武之地**。

以專案形式區別開整體計劃進行管理並非一時的奇想，在古羅馬，屋大維就進行過類似專案管理與計劃管理並行的管理工作。

在屋大維之前，古羅馬由於不完善的共和制度，共和國保護民眾的主要力量——軍隊失控了。

這源於古羅馬本土的軍隊不足以保衛廣大的版圖，而必須在當地雇傭軍隊，而雇傭軍隊的將領對於自己在古羅馬的地位不滿足，從而依靠自己的雇傭軍隊與古羅馬分庭抗禮。

這時，古羅馬就相當於一個大公司，其大部分生產產品已經進入有計劃的規範狀態，而少數邊疆地區還處在相當於產品專案設計的雛形階段，產品前景很不明朗。

屋大維就說現在國內已經很安定了，但邊疆還是有戰亂，所

以我們軍人就得去打仗。

於是，所有的行省分成兩類：富庶、安定的地方歸元老院，派總督去管；邊疆地區，戰亂頻繁、刁民又多，這些地方歸我，我去征戰四方，給你們提供安全保障。

元老院當然同意這種方案。

這樣一來，古羅馬等於有了兩種體制的管理方式：一種是依照傳統有計劃的管理方式；另一種是以緊急狀態下解決問題為優先的管理方式。

依照傳統型的管理方式，一切都有條不紊，總結了過去人們管理的經驗與優勢，為古羅馬提供了穩定的經濟大後方。

依照緊急狀態下管理的方式，以獲得軍事上的勝利為前提，實現高投入、高回報的模式。一旦軍隊在戰爭中取得勝利，當然是大把的戰利品進入口袋；一旦軍隊失利，那麼付出的代價也相當驚人。軍隊的將領們在自己的地界內多勞多得，也不會再對古羅馬城裡的統治者的瞎指揮仇視了。

正是這一制度的執行，保證了屋大維時代的將領們可以用靈活的方式進行對外戰爭，而大多數行省並不會受到影響。

這種邊疆行省的管理方式，帶來政權的穩定與古羅馬 200 年的和平。

更多的國家喜歡用「公平」的方式來統一管理國家，對所有的民眾都用同樣的制度來治理，這實際上忽視了一些人對風險的偏好，最後讓他們對自己的發展環境與空間不滿。

在公司之中，建立起一個完全按業績獲得報酬的專案部門，讓樂於冒險、創新的人集中在一起，既可以減少公司中的不穩定

因素，又可以讓樂於冒險與創新的不同部門的人加入專案部門，相互交流，相互碰撞，產生創新的火花。

知行分離難題——腦力激盪法在傳統公司中為什麼行不通

很多人都聽說過腦力激盪法，但不一定知道其普遍的定義。我們下面看看一般人對腦力激盪法的簡單介紹。

腦力激盪法（brainstorming），又稱頭腦風暴法、BS 法。它是由美國創造學家 A.F. 奧斯本於 1939 年首次提出、1953 年正式發表的一種激發創造性思維的方法。它是一種透過小型會議的組織形式，讓所有參加者在自由愉快、暢所欲言的氣氛中，自由交換想法或點子，並以此激發與會者的創意及靈感，使各種設想在相互碰撞中激起腦海的創造性「風暴」。它適合於解決那些比較簡單、確定的問題，如研究產品名稱、廣告口號、銷售方法、產品的多樣化等，以及需要大量的構思、創意的行業，如廣告業。

現在還有更進一步的腦力激盪法嫁接版，就是增加結合改善的階段。即鼓勵與會者積極進行智力互補，在增加自己提出設想的同時，注意思考如何把兩個或更多的設想結合成另一個更完善的設想。

這讓頭腦力激盪法看上去確實是群策群力，集中了眾人的智慧。不過，在這麼多年的實踐中，僅僅依靠腦力激盪法得到的方案，把公司做大做強的案例基本沒有。

原因很簡單，就是公司的任何改進都要以提高經濟效率為目標，而提高經濟效率就意味著公司原來劃撥給一些人的財物要減少，甚至可能要解雇一些員工。很多員工就算擁有提高經濟效率的想法，也不願意在公司內提出。即使員工不怕得罪其他人而提

出建議，一旦提出了應當由經理提出的解決方案，經理的位置也不會讓給提建議的員工，因為他們沒有基本的管理經驗。而執行改進方案需要經理來做，但因為經理不是方案提供者，所以即使問題得到瞭解決，也會有人認為經理解決問題的能力不如員工。所以，經理也不願意聽取員工們的意見。

我們把這種由於執行者與建議者不統一產生的類似腦力激盪法運行的困境稱為**知行分離難題**。

不可否認的是，在市政公共設施建設中實施腦力激盪可能是有效果的，因為那些公務員本身就是民意的執行者。

在傳統公司中，腦力激盪是行不通的。不過，一旦在專案部門之中實施腦力激盪，那麼情況就不一樣了。首先是因為專案部門本身就是創新者，其改進不會使專案主管受到原有方案不完善的指責。

專案部門的人數較少，如果方案不成功就意味著創新方案的整體失敗，每個員工的損失會比較大，所以專案部門員工從自身利益出發容易提出改進意見。

成立專案小組的目標本身就很明確，那就是為了更有效地創新。

專案小組可以擁有腦力激盪法實施的幾乎所有優勢條件，而且更易於獲得員工們發自內心的支持。

有了員工從內心支持並且自發提出創新方案的基礎，腦力激盪法的應用才有意義。原先古老的氏族社會用的就是腦力激盪法，現在為什麼大家用得少了，是因為利益的基礎變了。而專案部門這種小集體的產生，就可以使這種利益共同的基礎復

活,才有頭腦風暴法在日後公司中的真正應用,從而解決知行分離難題。

創新與傳承獎勵分離原則──諾貝爾獎的設獎本意已經被人篡改

在公司管理者中存在著很多這樣的看法,引進大量高端人才,就可以使公司在技術領域上不斷創新,從而擁有核心技術。很多管理學書籍也把高學歷人才的引進與公司創新能力的培養等同起來。

事實上,這兩者之間沒有絲毫的聯繫。高學歷者只是更多科學知識的掌握者,高學歷者只是在前人知識的記憶與按計劃應用方面有所特長。創新需要的是以新的觀點去創造一個新的知識應用方法,從而使工作方法更科學、工作方式更高效。知識多、學歷高的人往往對已有的知識體系心懷敬意,並會充分利用手中已有的知識創造價值。而創新需要對已有的知識體系加以重新思考,否定一些與知識體系常識不一致的結論。因此,創新需要的是初生牛犢不怕虎的闖勁,並在自己的道路上鍥而不捨,從而形成一系列的解決方案。從這個角度來說,知識淵博者並不一定適合創新,而更加適合對已有知識的總結歸納。

從這一點上來看,諾貝爾獎更像是一個肯定過往知識的老年人榮譽獎,而並非一個給予創新者的獎勵。

我在網上看到過這樣一種觀點:諾貝爾獎獲得者在獲獎之後,往往都不再有偉大的發明。

我心裡想,一個人都獲得了諾貝爾獎,為人類做出過很偉大的貢獻了,而且諾貝爾獎獲得者的平均年齡為五十九歲。

對於一個五十九歲的老人，我們可以肯定他有很多知識，但是創新的動力已經很小了。

我們要做的是讓這些辛苦大半生的老人不斷創新，辛勤工作到最後一刻，還是鼓勵更多的年輕人投入科學創新之中呢？應該做哪種選擇不言而喻。

因此，在我看來，設置諾貝爾獎鼓勵年輕人科學創新的本意已經被人篡改。

就在最近，專家對諾貝爾物理學獎獲獎者年齡統計分析後發現，他們做出代表性貢獻的平均年齡是三十七歲。但是，他們獲獎的平均年齡是五十五歲。這就意味著，他們要等待整整十八年，其成果才能被認可。

不過，從一個普通人的角度來說，相信諾貝爾本人也不只是貪圖一個虛名。與其把這個虛名再擴大一百倍，不如實際捐助一位年輕有為的學者，從而為科學大廈增加一片瓦。

從另一個角度來說，只有這些年輕的科學偶像在一些方面能與體育、歌唱明星比肩，諾貝爾獎的設立才真正有意義。

有人會說諾貝爾獎頒給經過時間考驗的科學創新是為了更加保險。其實即使諾貝爾獎頒布許多年後發現有誤，也可以取消獲得者的榮譽。

遙想當年諾貝爾反覆的經歷實驗失敗，甚至因為硝化甘油工廠爆炸，弟弟耶米爾慘死，幾經重大挫折，才取得了炸藥的發明。相比之下，取消誤判獲得者的榮譽，可能給諾貝爾獎聲譽帶來的這點損失與諾貝爾失去弟弟的損失相比又算得了什麼呢？沒有勇於進取、百折不撓的精神，就不會有今天的諾貝爾獎。

現在連科學界已經驗證的創新都要經過漫長的時間，才能給予創新者以榮譽與金錢，那麼這種因循守舊的反創新理念是不是與諾貝爾先生不斷實驗的進取精神背道而馳呢？如果只是想給知識多而不是發明重要的創新人發獎，那些沒有任何發明的圖書館裡的書痴是不是更應該獲獎呢？

諾貝爾獎委員會都不能處理好推動知識創新的大獎頒發方式，又何況是普通公司的管理者呢？

我們把這種諾貝爾獎委員會都沒有把握好的原則稱為**創新與傳承獎勵分離原則**。

對於一個公司來說，要創新不在於請到知識淵博的高學歷人才，要鼓勵創新不在於獎勵一個有創新的技工去擔任設計部門經理，而是要把自發創新真正落在新專案運作的實處，從創新所得的好處中拿出一筆長期獎勵金給技工讓其繼續努力。

對於一個公司來說，計劃部門的經理應當具有淵博的專業知識，能對已有的技術環節所需知識了如指掌，並能把這些知識熟練的應用到工作之中去，從而指導公司計劃有序的進行。

衛生創新專案名額制理論——不被醫療機構當成活體實驗品

我們在本部分的開頭來看歌壇巨星傑克森的悲劇故事。

> 2009年6月24日午夜時刻，傑克森彩排告終。跟之前幾個晚上一樣，傑克森在保安的護送下進入屋內，在樓梯口脫鞋。沒有人被允許上樓，除了他的孩子和莫雷醫生。傑克森回家後不久，他開始抱怨疲勞，他表示需要睡眠。
>
> 根據警方的起訴書，莫雷注意到傑克森有異丙酚（一種強力麻醉劑）上癮的傾向，這種麻醉劑通常在一種特殊醫療設備中使用。他告

訴警方他想試著戒掉傑克森的異丙酚上癮症，已經連續兩個晚上沒有給他這種藥物。

6月25日凌晨1點半左右，他又開始嘗試這種做法，給了傑克森10毫克的安定片。抗焦慮藥並沒有立即生效，約半小時後，醫生放了2毫克的勞拉西泮在鹽水中進行注射，這是另一種跟安定片有同種功效的藥物。

當傑克森依然保持清醒時，莫雷在凌晨3點加了2毫克的咪達唑侖，這是另一種鎮靜劑；然後莫雷在凌晨5點又加了2毫克的勞拉西泮。到了早上7點半，傑克森依然醒著，莫雷告訴警方他又注入了2毫克咪達唑侖。不過，傑克森依然不能入睡，煩躁的躺在他那張文藝復興風格的花飾床頭雙人床的白色床單上。6月25日上午，在經歷了一個不眠之夜後，莫雷說傑克森要求使用異丙酚，這種白色液體被他當「牛奶」一樣使用。大約到了周四上午10點40分，莫雷說他滿足了傑克森的要求，注入了25毫克的藥物在點滴中。

根據警方說法，莫雷跟這位平靜的歌手繼續待了十分鐘之後離開去了洗手間。不到兩分鐘之後，莫雷回來了，但是卻發現傑克森沒有了呼吸。

私營的醫療機構雖以法人的形式註冊，但其本質就是一家提供醫療服務的公司。就拿醫院來說，它的創新是很困難的，除了瀕臨死亡的人，一般人都不願意拿自己的生命去做實驗品。醫藥公司更加難以找到合適的試藥病人，與之相應的還有警察、軍隊，這些工作單位決定了許多人的生死，雖然它們明顯不屬於公司的範疇。

衛生產品對於相應的消費者來說是優先於食物需求之外的所有需求的，我們對可以挽救生命的醫療設施的渴望，超過了對文化、便利、娛樂的需要。

人們在使用創新的衛生產品時，最大的顧慮就是有些人對衛生產品不負責任的濫用，就像擔心醫生是否會不在意病人的生

死，拿病人做活體實驗品隨意開藥一樣。莫雷就是一位倒霉的醫生，因為開具藥物不當而被追究法律責任。

如何界定醫生是否在治療中有藐視生命的罪責，對法院甚至社會來說都是很困難的，而且它阻止了創新衛生專案的出現。

這是醫療衛生事業的一大難題。

於是，一些老醫生一輩子都只按醫書開藥，反正有理有據，不求有功，但求無過。

還有一些醫生一旦創新療法失敗，就破罐子破摔，拿病人的身體做各種藥物實驗，以滿足自己的好奇心，從而給正常醫生的創新專案抹黑，造成醫生與病人之間互不信任。

我們可以從古人那裡汲取經驗，讓人們減少對衛生重大問題的藐視。這就是古雅典人、古羅馬人。

在古雅典人、古羅馬人那裡，執政官執政都有年限的限制，這種限制就是促使執政者對民眾生命的尊重。

如果一個人可以有長期掌控操縱他人生死的權利，那麼他就會對權利的授予者——民眾視而不見。

同樣，如果一個人可以長期掌控他人的生死，那麼他就會對別人的生死感到麻木。

對於私立醫院而言，如果可以約束專案創新者，只以創新專案負責人的名義研究最多三個創新專案，那麼創新專案負責人就會對這些專案十分上心，反覆研究、實驗到最佳狀態。因為他負責的專案只有這三個。他也會對這三個專案的成功引以為傲。

當然，衛生創新專案的負責人要經過仔細篩選，找到最優

秀的人才來擔任。這些人完成三個專案以後，也不必為他們的退隱感到可惜。他們可以把自己寶貴的經驗傳授給學習者，並相互交流。

我們把這一理論稱為**衛生創新專案名額制理論**。

這種以專案名額制為基礎的衛生產品設計方式，可以讓病人安心，因為醫生們有了創新的空間，不會隨便拿人做實驗。醫生們的創新變得有條理，有據可查。這種衛生事業的專案約束機制對警察、軍隊同樣有效，並且可以為公司處理危險的專案提供社會認可的途徑。

衛生成就認定新貴族法則──製藥業鎮靜安眠藥的醜聞

在古代，對衛生事業的理解更多局限在武力保衛上，這些工作多由騎士、領主等貴族來完成。但如今戰爭不再是人類的主要威脅，醫療衛生成為人們面對的主要衛生問題。其中一些方面又產生了醫療系統自身不能解決的問題。

最明顯的就是新藥的檢驗規則。

> 美國製藥業早在 1955 年就知道，現行的有關檢驗新藥的規則和程序行不通了。這些規則和程序是在具有奇異效力的藥物──以及同樣強有力的副作用──出現以前制定的。但任何試圖使製藥業正視這一問題的製藥公司都被其他公司阻止了。他們對試圖進行革新的人說，「別搗亂」。據說有一家公司的確已制定出了一種全面的新方法和新的管制程序，但它終於被人說服而把這些方案束之高閣。
>
> 以後又來了一種鎮靜安眠藥的醜聞。它實際上證明了美國控制系統的有效性。因為，當歐洲各國批准應用這種鎮靜安眠藥時，美國的管制當局很早就認識到這種藥有毒副作用，因而不予批准。因此，當德國、瑞典和英國出現了由於孕婦服用這種藥物而生下畸形嬰兒時，美國卻沒有這種畸形嬰兒。但這項醜聞在美國引起了人們普遍的對藥

> 物檢驗和藥物安全的擔心。於是，由於美國製藥業沒有正視這個問題並深入思考和制定出恰當的解決辦法，美國國會匆忙的通過了一項法案，因而嚴重的影響到新藥的開發和投入市場——但荒謬的是，這項法案可能無法阻止另一項類似鎮靜安眠藥醜聞的出現。

——節選自《管理任務、責任和實踐》

　　現代社會比過去任何時代都重視人生命的平等，以至於對那些可能危及少數人生命而可以挽救很多人生命的專案大都採取拒絕的態度。理由很簡單，誰願意做這種犧牲者呢？如果下次醫療實驗拿你來做試藥對象，你願意嗎？

　　這種說法看上去十分尊重生命。其實不然，這只是傳統封建家族反對新的英雄出現時的套路。

　　在古代，勇於抵抗外族入侵的武士被封為貴族，貴族有責任在外敵入侵時用生命保護民眾，當然在平時貴族也享有超出民眾的特權。每個時代都有不畏強權與生死的貴族出現，這並不需要強迫某些人去成為貴族，而是天生有人就願意挑戰生死極限，當然民眾也應當給予他們相應的報酬與榮譽。這一點與新藥反對者所說的要在公平抽籤中找到嘗試挑戰生命者的說法大相徑庭。

　　現在的問題正如我們看到的檢驗新藥的規則和程序那樣，如果我們不能讓一種新藥在少數人之中嘗試與生產，那麼我們就失去進一步優化新藥最終使之無害的機會。這與軍隊使用武器是一樣的道理，如果一個國家都沒有人願意入伍，那麼就沒有人可以實踐武器的性能，更不用說最後發展出可以遠程控制的高端武器。如果沒有不斷進步的武器系統，總有一天我們會發現衛生系統已經失去活力，無力保衛我們的自由生活了。

　　事實上，很多人是勇於面對生死的。在尊重生命的前提

下，讓一些勇敢的英雄嘗試新的衛生產品無疑對衛生行業是極為迫切的。

我們把在醫療制度中做出貢獻的人奉為新貴族的做法稱為醫療**衛生成就認定新貴族法則**。

可以肯定的是，使用衛生成就認定新貴族法則之後，衛生事業將有巨大發展，給每個人都會帶來益處。在這方面做出突出貢獻的公司將在衛生領域中贏得先機，創造出挽救大量病人的高效藥物，從而獲得高經濟效率的回報。

專案的組織：洞若觀火

在專案的組織過程之中，按專案要求採購與按計劃採購的花費是相差巨大的。管理者應當從各方面體現清楚專案員工與計劃員工的不同，從員工培訓到員工激勵，等等。

創新與傳承培訓分離原則──西門子公司的做法無法複製

下面是西門子公司員工培訓的做法。

> 西門子是世界上最大的電氣和電子公司之一，1847 年由維爾納·馮·西門子創立，目前其總部位於德國慕尼黑。是什麼造就了西門子 160 多年的輝煌？成功的因素是多方面的，其中最關鍵的是他們非常注重員工培訓。
>
> 西門子公司遵循「為發展而不僅為工作進行培訓」的原則，為員工提供更多的培訓與發展機會，幫助他們最大限度的發揮特長，挖掘潛能。為實現這一承諾，西門子公司提供多層次培訓，其中最重要的是在職培訓。
>
> 西門子公司認為，員工技術的熟練程度、技術專家的多少，是保

證產品品質、提高競爭能力、賺取最大利潤的關鍵。在人才培訓方面，西門子公司創造了獨具特色的培訓體系。西門子公司的人才培訓計劃從新員工培訓、大學精英培訓到員工再培訓，涵蓋了業務技能、交流能力和管理能力等內容，為公司新員工具有較高的業務能力，大量的生產、技術和管理人才儲備，員工知識、技能、管理能力的不斷更新和提高，打好了基礎。高素質的員工，是西門子公司擁有強大競爭力的來源之一。

西門子本人雖然受過多年的正規教育，但他平時從未放棄過學習，並以此為員工做出榜樣。他認為，每個人都是一個巨大的資源庫，只是還沒有被充分開發出來。為此，他特意編寫了一門名為《做個偉大的人》的自我激勵課程，作為對員工的培訓教材。為方便員工在各種環境下都能學習這門課程，他還為《做個偉大的人》這門課程配製了 20 卷卡式錄音帶，內容與課本內容一樣。西門子在課程的前言中這樣寫道：「你好！你已決定改變你的一生了。你已經處在變成一個新人的過程中了。一次又一次的播放這些錄音帶吧。你會從中獲得無限的力量。」西門子還引用了不少名人的話，並且做了大量闡述，鼓勵員工培養一種積極的人生觀。

除此之外，西門子還下大力氣挖掘他人的推銷能力。他常舉例說：「假如你把一條魚送給一個人，只能養活他一天。但是，假如你教會他怎樣去捕魚，你就能夠養活他一輩子。」

1922 年，西門子公司撥款建立「學徒基金」，專門用於培訓工人，以便盡快使他們掌握新技術和新工藝。這種做法收到了良好效果，使公司員工真正有效的接受了培訓，並且實實在在的提高了業務水準。幾十年來，西門子公司用這種方式先後培訓出數十萬名熟練工人。當然，這些工人也為公司創造了效益。與培訓成本相比，其所帶來的利潤遠遠大於產品本身所帶來的效益。

近年來，西門子公司還直接從廠內選拔數千名熟練工人送到科技大學和有關工程學院學習深造。不僅如此，他們還把 8 萬餘名青年工人安排在 5,000 多個技術學校、訓練班、教育班學習。目前，西門子公司在全球擁有 60 多個培訓場所。位於全球各地的西門子管理學院旨在提高全球員工的管理水準，為在當地的業務拓展和長期發展提供

了堅實的人力保障。西門子公司提供的培訓課程可以和一所中型大學相媲美。培訓內容包括電腦、經濟、外語、管理等專業。員工可不受限制的擴大自己的知識面，在不斷學習專業知識的同時，提升自身的氣質，提高自己的技能。

這些培訓投入在為西門子公司帶來技術的同時，也帶來了高額的利潤和企業的高速發展。而今，在德國同行業中，西門子公司的技術力量雄厚。車間主任以上領導人員都有工程師頭銜，經理級的領導層中技術人員占 40% 以上，熟練工人占全體員工半數以上。高素質的員工運用高新技術生產出高品質的產品，為企業帶來了高額利潤。這與西門子公司注重員工培訓是分不開的。

我們為西門子公司培訓員工花費的巨大財力與物力與取得的驚人成就感到震驚，一些公司的決策層是不是也想學習一下呢？

不過，可以肯定的是，多數公司如果想像西門子公司一樣，大規模培訓員工，那麼注定會陷入虧損的境地。

原因很簡單，大規模培訓員工需要雄厚的財力支持。而西門子公司培訓員工真正成功的原因在於：德國是一個技術領先的國家，而西門子公司在德國也是一個技術領先的公司，用先進的技術來培訓其他國家的員工，可以使其他國家的員工在所在國技術領先一個層次。西門子公司只有利用其員工技術領先的優勢，獲得大量超過平均經濟效率的財富，才可以繼續在技術方面大量投入，不斷維持技術的一貫領先，從而形成良性循環。

當然，在西門子創業之初，主要依靠的是把決策、設計層的技術傳授給員工，使員工技術在德國處於領先地位。

那麼，員工到底要不要培訓，如何培訓？這還要從傳承—創新理論來思考與解決這一問題。

人事部門透過培訓，使員工可以達到決策與計劃層的要求，

透過培訓讓員工獲得市場上很難有人掌握的適合本公司的專業知識，從而比其他公司節約出高薪招聘的成本，無疑為公司節省了開銷，從而提高了招聘的經濟效率。

不過，對於計劃之內的員工培訓應該是簡單的，以能夠完成員工計劃內工作為目標即可。公司招聘員工最基本的要求就是執行計劃，只要達到計劃的要求就滿足了契約的需要。如果沒有專案與計劃的區別對待，員工們擅自執行不符合計劃的自發創新想法往往對公司的計劃是有害的，管理當局並不希望這種情況出現。這種培訓一般來說花幾周的時間就足夠了。不過，如果要執行某個專案時，就會發現自己公司員工的想像力是如此貧乏、變通能力是如此之弱，以至於難以滿意的完成新專案。這與員工們長時間執行計劃帶來的慣性是分不開的。

對於面向創新的培訓，時間就應該多得多。如果按本書的管理理論，經常讓員工們參與到專案小組之中，員工們的應變與創新能力會得到明顯的提升。不過，這還不夠，我們還需要為願意參與的員工提供必要的培訓，以幫助他們瞭解社會上的先進技術。

初步的培訓應當在員工的專案得到決策層的認可之後，由人事部門協助專案小組的員工進行一些專業知識培訓。這時的培訓目標就很明確，不會像西門子公司那樣是全面的培訓，從而可以節省大量的培訓經費。

我們把創新培訓與普通傳承知識培訓分開進行的原則稱為**創新與傳承培訓分離原則**。

創新型專案有時還需要進一步深入培訓，其目標與內容都要由專案小組制定一個簡要的計劃。由於這種計劃針對每個職位應

該有不同的要求,所以培訓應該是多樣性的、有自主權的。只要專案小組內部審定之後就可以實施。

創新的正式培訓應是在創新專案得到管理層的認可之後實施的,培訓經費應列入專案經費之中。這時,人事部門往往與這種培訓的組織沒有什麼關係。但是人事部門也要留意這筆經費的去向,因為這是人力經費中的一種。把培訓經費用在創新好專案上,才是好鋼用在刀刃上,發揮了其最大價值。

員工專案激勵法——胡蘿蔔加大棒的刺激失效之後

管理大師杜拉克對胡蘿蔔加大棒的刺激是這樣描述的:正是物質期望水準的日益增長使得作為一種激勵力和一種管理工具的物質報酬胡蘿蔔的效力愈來愈小。能激勵人們進行工作的物質報酬的增量必然愈來愈大。當人們所得到的已日益增多時,他們對於只增加一點點就感到不能滿足了,更不用說減少了。他們期望的是更多得多。這當然是目前每一種主要經濟所遇到的無情的通貨膨脹壓力的主要因素之一。不久以前,人們對能增加百分之五的薪水已大感興奮,而目前卡車司機、教師或醫生都期望著能增加百分之二十,提出的要求卻是百分之四十。

這也許是馬斯洛下述規則的一種證明,即一種需要愈是接近於得到滿足,則為了產生同樣的滿足程度所需要的追加的增量愈大。但是,對物質滿足更多和更多得多的需求還伴有一種馬斯洛的理論完全不能適應的價值觀上的改變。經濟刺激已經成為一種權利而不是一種報酬。考績獎金在以往總是作為對特殊成績的一種報酬。但它們沒有多久卻成為一種權利了。如果得不到考績獎金或只得到少量的考績獎金則成為一種懲罰了。日本的年終獎金也是這樣。

……

這也意味著,胡蘿蔔的社會副作用已達到有毒的程度。一種有效的藥物總是有副作用的;而且其劑量愈大則副作用愈大。物質刺激和物質報酬的確是非常強有力的一種藥物,並且其力量愈來愈大。因

> 此，它必然有強大的副作用，而且，隨著它能發揮作用所需的劑量的增長，它的副作用就更加突出和更加危險。從四十年代末期通用汽車公司有關「我的工作」的徵文競賽起，所有的研究都表明，對激勵所起的阻礙作用，沒有比一個人與同事相比所得報酬較少更為強大和更為有力的了。當人們的收入一旦超過僅能維持生活的水準以後，在相對收入上的不滿就比在絕對收入上的不滿更為有力。正如美國的法學哲學家艾德蒙·卡恩（EdmondCahn）令人信服的表明的，「不平之感」深刻於人的心中。沒有什麼事比在一個組織中相對經濟報酬的不滿更能引起不平之感了。因此，相對經濟報酬就是以一個人或一個集團的價值為依據的有關權力和地位的決定。
>
> 因此，依賴於經濟報酬的胡蘿蔔的組織有脫離經濟報酬的接受者以及所有其他人的危險，有把團體分裂使之互相反對而又聯合起來反對這個系統即雇用職工的機構及其管理當局的危險。
>
> ——節選自《管理任務、責任和實踐》

我們回味一下杜拉克在文中的核心內容：「馬斯洛下述規則的一種證明，即一種需要愈是接近於得到滿足，則為了產生同樣的滿足程度所需要的追加的增量愈大。」同時又說：「不久以前，人們對能增加百分之五的薪水已大感興奮，而目前卡車司機、教師或醫生都期望著能增加百分之二十，提出的要求卻是百分之四十。」

但什麼時刻才是需要接近於滿足呢？卡車司機、教師或醫生的收入會相同嗎？如果卡車司機的年薪達到 6 萬美元，那麼醫生的年薪達到 20 萬美元也有可能。按馬斯洛的說法，醫生收入更高，需要愈是接近於得到滿足，為了產生同樣的滿足程度所需要追加的增量愈大，醫生應當比卡車司機要求收入的增幅更大。為什麼卡車司機與醫生都會期望要求加薪 20%，而提出的要求卻是 40% 呢？其實這是一種期望自己做出與眾不同事業的另一種說法，只有收入比同行高 20% 才能體現自己的價值。從本書的角度

來說，也就是收入比同行高出 20% 是做過成功專案的表現。而在過去由於資訊閉塞、交通不便，一項新技術通常在很長時間裡只能在很小的市場創造利潤，人們能增加 5% 的薪水已經是成功完成專案的表現。

考績獎金或日本的年終獎金原先都是用來鼓勵做專案成功的員工，但管理層在專案成功後把它作為一種日常獎勵發放給了按計劃工作的員工，所以員工覺得這只是按計劃獲得收入，並沒有什麼成就感。

員工對薪水感到不滿，其實並不是對公司給予的收入不滿。如果他是對公司給予的收入不滿，那麼該員工就會離開公司。相反，如果員工既不離開公司，又不願意工作，那就是對公司的分配制度不滿。

在前面討論內部效率、外部效率理論中已經提到過這個問題，這裡再舉個例子，做更詳細的說明。假設在同一經理手下執行同樣的任務，A 員工的薪水為 5,000 元、B 員工的薪水為 3,000 元。如果 B 員工覺得這份工作的薪水太少了，那麼他就會離開公司；如果 B 員工認為經理偏袒 A 員工，那麼他就可能會在工作中抱怨薪水太低，馬虎的對待工作。

所以說，大多數情況下員工抱怨薪水低並不是因為薪水真的很低，也不是因為員工太貪心，而是我們發放的薪水不公正。員工們口頭上雖然不能清晰表達，但心裡很明白，公司的利潤是所有員工執行統一的計劃才獲得的，作為執行相同計劃的兩位員工，其收益應當相同才對。

這一點與社會上的平均薪水水準沒有任何關係，只要在公司的收益中沒有得到應得的部分，那麼員工就會在工作中怠工，這

樣才會讓他感到他的付出與獲得的收入是成正比的。如果員工執行相同工作計劃而經濟效率不同，那個收益低的員工就會被人看成經濟效率低的失敗者。他只有怠工直到與其他人的經濟效率一樣，才會擺脫失敗者的陰影。

在現實之中，由於工作技巧越來越標準化，老一代技術員工的技術越來越顯得不重要，很多年輕技術員工對於論資排輩的薪水制度越來越不滿意。做同樣的工作，年輕員工要求的薪水越來越高，以至於要與老一代技術員工一致。

實際上，尊老並不一定要體現在論資排輩上，增加養老金一樣可以留住老員工。此外，老員工如果參加過公司創新專案的研發，在參與的專案成功之後，若每年都能拿到一定數目的專案分紅或一次性專案大額獎金，都可以讓老員工真正熱愛並留在職位上，其他時候為什麼不讓他們與年輕的熟練技術員工公平的按計劃分配收入呢？

絕大多數人對於不勞而獲感到不恥，不過有人為了私利給它打上敬老的名義，就讓人覺得好像無話可說。沒有人在自己有創新能力時喜歡論資排輩，只是看公司有沒有給過想創新的員工以機會。

除了尊老的名義以外，想給親朋好友，或者寡婦、新婚員工等特殊員工以好處的公司管理層，最好的方式就是公平的安排他們進入專案部門，讓他們自己參與創造出有價值的專案。只有這樣，才能讓他們的收入持久、合理且經得住考驗。

人事部門應當根據設計的人力安排，分配出許多專案機會給員工嘗試，代替過去只依靠胡蘿蔔加大棒的刺激方式。我們把這種方法稱為**員工專案激勵法**。

胡蘿蔔加大棒的簡單刺激在現實中已經失效，但是專案創新中讓人心動的嘗試、專案成功後帶來的名譽與金錢足以激勵有進取心的員工不懈的努力工作，而專案成功推進計劃的創新也能讓按部就班的員工得到收入的滿足。

把二次決策轉化為階梯創新——打破各職能部門之間的壁壘

公司中相同的職能行使者，如將設計者集中在一起組成一個職能部門，既可以減少組織供給成本，也可以使設計按各類零件的特點，統一分配任務同步進行成為可能，從而縮短設計時間。

管理大師杜拉克談到職能制管理的優缺點時說：

> 職能制原則的優點和缺點從經濟性規範方面來說有其特點。在最理想的情況下，職能制組織能高度經濟的進行工作。在高層只要很少的人即可使組織運轉，即從事於「組織」「資訊交流」「協調」「調解」等。其他的人可以做他們自己的工作。但是，它常常是處於一種不好的情況，是極不經濟的。只要它一達到中等規模或複雜程度，就會產生「摩擦」。它很快就要求各種複雜、費錢、笨拙的管理手段——協調者、委員會、會議、麻煩處理者、特派員——這些將浪費每一個人的時間且並不解決很多問題。而且，這種退化的傾向不僅在各個不同的「職能部門」之間流行。各個職能部門及其內部的各個所屬單位之間也同樣的迅速趨於效率低下並要求花費日益增多的努力來維持其內部運轉。
>
> 這種情況的另一種說法是，當職能制設計能適應變化時，職工在心理上的需求很小。職工在工作及相互關係方面都感到安全。但是，只要職能制設計應用於稍微大一點的規模或稍為複雜一點的程度，它就會造成情感上的敵對狀態。職工就會感到自己及自己的職能部門被輕視、被包圍、被攻擊。他們將認為自己的首要職責是捍衛他們那個職能部門，使自己的職能部門免於受到其他職能部門的侵犯，使它「不至於受到排擠」。常常會聽到有人抱怨，「沒有人認識到公司之所以能維持下去是靠我們這些工程師」（或「我們這些銷售員」「我

們這些會計師」)。於是，擊敗內部的「可惡敵人」是比使企業興盛更令人高興的勝利。正由於職能制設計很少要求職能部門的職工為整體的成就和成功承擔什麼責任，所以，一個運用不佳———或過度擴張———的職能制結構易於使職工感到不安全和眼界狹小。

——節選自《管理任務、責任和實踐》

這些缺點在過去會產生，其主要原因在於：各職能部門工作流程的傳遞關係沒有理順。員工們不知道決策、計劃、組織、領導、控制這種體系是一種決策放大、執行的過程，每個職能部門都在做著決策———執行體系的一段工作。

相反，在過去傳統組織結構中，一方面工程師、銷售人員、會計師們都會直接接到高層管理者的命令，並在自己的小圈子裡執行後反饋給高層管理者，而不是交給下一流程的員工，這使得他們需要向高層管理者表達自己接受的任務是公司最重要的。員工們只能用深奧的術語把自己職能部門的知識搞成公司其他人看不懂的「專業化」，否則就得不到重視，從而忽略了提出簡單有效的真正創新方案。另一方面，工程師、銷售人員、會計師們中有創新能力的人會把自己的創新只在部門的小圈子裡展示，而不是在專案小組中交流。於是，出於小集體的榮譽感，部門人員會夜郎自大的把自己部門的創意看成是最有價值的。

這就會形成一種職能部門之間的壁壘。於是，各部門的經理會根據自己的需要要求更多的部門經費，以把自己的部門做得更大。

這就產生了**二次決策**。

二次決策的定義是：部門內部領導未經授權的情況下根據部門內部情況做出的決策。

這種決策往往是本部門有能力完成統一計劃的任務之後,由部門領導或更小組織的領導者依照自身情況做出的便於完成一些專案的決策。

二次決策包括決策、計劃、組織、領導、控制這些職能的功能。正因為這些部門自己的職能部門小而全,所以二次決策者及執行者會感到自己是一個小團體。

很多公司會要求員工做合約以外的工作,這從一般公司合約中含有「員工應當完成上司交辦的其他工作」這一條可以看出,這當然大大增加了領導者的權力。據說美國的公司合約中不會有這樣一條。可以看出,現在公司對員工工作內容並不清楚,其計劃也相當模糊,所以給了部門領導更大的自主空間與決策權。

由於二次決策是由部門領導在知道上級計劃時發起的,其決策的內容往往是使部門或個人獲得比計劃更豐厚的利潤或相應更多的休息時間。儘管在很多時候這些決策似乎可以使部門以更小的投入創造更多的工作成果,但由於二次決策一開始就不能融入公司總體計劃之中,因此二次決策的成果也不會上繳公司。

這也會導致部門領導對公司整體計劃的懷疑與輕視,從而使部門領導對公司的更多政策管中窺豹一樣不能理解,進而消極執行。

同樣,即使一個部門以更小的投入創造更多的工作成果,那些空閒的員工也不會感激公司給他們的輕鬆工作,因為這是他們自己爭取的,相反會導致全公司對公司不完善計劃的輕視與不公平心態的產生。

所以,二次決策是在沒有決策層授權的情況下,部門領導利用手中的權力進行的與公司決策—執行體系不一致的決策。短期

內雖然可能會對部門有利，但長期來說是不利於公司決策執行以及公司長遠發展的。

公司應當在決策層吸收各部門的自發創新，經過審核認為對整體計劃有益後，以專案小組的方式先在小範圍內試行專案創新，在專案創新有眉目後，再審核看能不能進行計劃創新。

各職能部門中的人員在專案小組中接觸到其他部門的人員後，就會對其他部門人員的工作有一個更深入的瞭解。這樣，可以大大減少各職能部門員工之間的敵視，從而打破各職能部門之間的壁壘。

專案的執行：春風野火

專案執行的目標是使之可以投入實際應用，提高經濟效率。專案進入規範後計劃外的支出要堅決停止，專案完成後專案組成人員如果在新專案中沒有位置也應當讓他們回到計劃部門，讓他們按計劃獲取報酬。

狂風法則——專案階段規範化法則

在在自然界中每年都會來一次秋日的狂風，把樹上沒有生命力的樹葉清理掉，以待明年生出新的樹葉，正是樹葉這種小而獨立的部分，推動大樹新的枝幹成長出來。

只有對成果之外多餘部分進行階段性的處理，才能讓更多新專案有足夠的養分。對應於專案部門來說，就是已經有了確實的成果之後對已有工作方式進行一次全面調整。

很多高管喜歡在專案進程中不斷大規模的調整工作目標，從而讓專案結果更完美，其實這是不明智的，會讓員工覺得高管們朝令夕改。這就像自然界中新長的葉子，一旦在一個位置長出嫩芽來，就不會在相鄰的位置再長出嫩芽。

要是專案跟不上潮流，明智的做法是，要麼給專案換一些員工甚至主管，而其他人按原來的專案計劃一往無前的邁進，要麼完全停止該專案的運行。

不過，一個專案既然能創立，就是在眾多自發創新中選出的優秀者，其可行性已經探討過，至少應看到專案結果再在結果之上改進。而不是經常改變工作目標，屆時誰也無法看清是專案哪裡出現了問題，誰應當對專案的失敗負責。

由於專案創新沒有完善的計劃，無法明確瞭解專案部門需要的財物量，因此公司往往會預留多餘的財物給專案部的人員，給人的感覺就是公司源源不斷的把錢投入非理性的專案之中。

在公司外部，專案部門設計的新產品也是以替代的舊產品的功能來定價的，有的甚至是讓人震驚的高價位。所以，專案部門的員工擁有高收益也就理所當然了。

不過，一旦專案正式完成，一切都走上了正軌，公司就要對專案部門的支出有理性的認識，而研究人員也由創造性工作變成了整理性工作，這時專案組的員工被重新分回各個部門，以指導新專案有計劃的大規模生產。

這種專案部門的金錢擴張與收縮的現象和經濟週期中繁榮與衰退的現象有著本質的相似與聯繫。

人們越是樂觀的預期未來與花費金錢，以籌建宏大的專案，

就越是願意把手中儲蓄花光以完成專案,於是就顯得民眾富有、社會繁榮。

當真正理性的利用宏大專案建成有計劃的高經濟效率的工程時,人們就會發現手中的錢不夠了,這與經濟衰退時的感覺差不多。

到了這個時刻就要像狂風一樣不留情面的掃清計劃外的開支,達到計劃內的高經濟效率的要求。我們把這種做法稱為**狂風法則**。

即使產品的設計需要不斷完善,公司也可以利用產品不斷升級,不斷的把模仿者丟在後面。

只有堅決果斷的讓有成果的專案進入規範化,才能讓公司這棵大樹具有抵禦風雨的能力,才可以有足夠的資金做未來有價值的專案。

助理職務陷阱現象──從管理角度看「杯酒釋兵權」

我們先看看歷史上著名的「杯酒釋兵權」的故事。

> 建隆二年七月初九日晚朝時,宋太祖趙匡胤把石守信、高懷德等禁軍高級將領留下來喝酒,當酒興正濃的時候,宋太祖突然屏退侍從嘆了一口氣,給他們講了一番自己的苦衷,說:「我若不是靠你們出力,是到不了這個地位的,為此我從內心念及你們的功德。但做皇帝也太艱難了,還不如做節度使快樂,我整晚都不敢安枕而臥啊!」
>
> 石守信等人驚駭的忙問其故,宋太祖繼續說:「這不難知道,我這個皇位誰不想要呢?」石守信等人聽了知道這是話中有話,連忙叩頭說:「陛下何出此言,現在天命已定,誰還敢有異心呢?」宋太祖說:「不然,你們雖然無異心,然而你們部下想要富貴,一旦把黃袍加在你的身上,你即使不想當皇帝,到時也身不由己了。」

一席話，軟中帶硬，使這些將領知道已經受到猜疑，弄不好還會引來殺身之禍，一時都驚恐的哭了起來，懇請宋太祖給他們指明一條「可生之途」。宋太祖緩緩的說道：「人生在世，像白駒過隙那樣短促，所以要得到富貴的人，不過是想多聚金錢，多多娛樂，使子孫後代免於貧乏而已。你們不如釋去兵權，到地方去，多置良田美宅，為子孫立永遠不可動的產業。同時多買些歌兒舞女，日夜飲酒相歡，以終天年，朕同你們再結為婚姻，君臣之間，兩無猜疑，上下相安，這樣不是很好嗎！」石守信等人見宋太祖已把話講得很明白，再無回旋餘地，當時宋太祖已牢牢控制著中央禁軍，幾個將領別無他法，只得俯首聽命，表示感謝太祖恩德。

　　第二天，石守信、高懷德、王審琦、張令鐸、趙彥徽等上表聲稱自己有病，紛紛要求解除兵權，宋太祖欣然同意，讓他們罷去禁軍職務，到地方任節度使，並廢除了殿前都點檢和侍衛親軍馬步軍都指揮司。禁軍分別由殿前都指揮司、侍衛馬軍都指揮司和侍衛步軍都指揮司，即所謂三衙統領。在解除石守信等宿將的兵權後，太祖另選一些資歷淺、個人威望不高、容易控制的人擔任禁軍將領。

　　禁軍領兵權一分為三，以名位較低的將領掌握三衙，這就意味著皇權對軍隊控制的加強。以後宋太祖還兌現了與禁軍高級將領聯姻的諾言，把守寡的妹妹嫁給高懷德，後來又把女兒嫁給石守信和王審琦的兒子。張令鐸的女兒則嫁給太祖三弟趙光美。

　　從這個故事我們可以看到宋太祖的執政智慧，那就是對於有功勞、有能力做一番事業的人在事業成功後把他們養起來，而不再讓他們參與政治管理。原因很簡單，在國家初創時期，我們需要有創新能力的人，解決建國遇到的種種困難。但在國家已經建成之後，在軍事上就不怎麼需要這些人才了，最好的辦法就是削去他們的軍權。

　　公司設置助理職務，往往是能力較強的經理為了實施龐大的專案臨時請來的助手。

　　專案完成之後，一切都走上了正軌，助手們就失去了存在

的意義。

在公司的職務設計中，助理是經理們的助手。問題在於經理們都對設計、銷售之類的職能負責。換句話說，我們有設計、銷售相關的問題時去找經理，經理們必須負責解決，因為這是他們的職責。

助理們則不然，他們可以辦事，也可以不辦。如果想辦某件事，助理們可以說是經理們要求的，或者是與部門工作有關；而不想辦某件事時，助理們可以說經理沒有授權。從而就會在部門中出現以下情況：容易出成績的工作，助理們會插上一手，甚至瞎指揮；而難以完成的工作，助理們則不願去完成。

我們把助理們完成專案之後不自覺進入的職能喪失情況稱為**助理職務陷阱現象**。

部門的員工，對於時刻可以與經理溝通的助理們只有奉承與避讓，不然就有可能遭到助理們的報復。

甚至可以說，不論員工們是否對公司有巨大貢獻，只要是搶了助理們風頭的員工，助理們就可能懷恨與報復。其根本原因就是助理們不必對部門的經營負責。從本質上來說，是助理沒有其需要明確負責的職能卻被賦予了參與部門管理的職位。

面對助理們的無所事事，很多人都說他們要麼成為經理們的幕後操縱者，要麼成為馬屁精。

在專案完成之前助理們做的都是正面的工作，但在這之後，助理們就無所事事了，面對公司人事部門工作量的考核，助理們只得去開發一些自己認為必要的已有職位工作內容的改進專案。

不過，助理們是沒有職權去私自改動已有工作職位的狀態，

特別在一個大的公司，這與公司的整體決策 —執行體系是衝突的。很多時候，一個部門的助理不會明白牽一髮而動全身的道理，而以專案的運作手法對決策 —執行體系進行改變更是大錯特錯。這也是即使對工作負責的助理們也不能在這個時期取得任何成績的原因。

因此，助理職務陷阱現象的最好解決方案就是改為專案組長。如果專案與某個部門聯繫緊密，甚至需要部門經理解決，就可以掛靠在某個部門下面，但要接受專案部門的領導，如銷售部門在專案部的專案組長。這樣既達到了幫助部門經理在計劃創新時完成經理助手的職能，又能使專案組長明確的完成工作任務。

專案組長在以後接到其他專案時就可以參照在部門經理手下工作的經驗，對專案與計劃的融合有更多的理解，對其成長也大有好處。

專案一旦成功，專案小組成員就可以進入計劃創新的工作環境內幫助計劃部門進行專案與計劃的結合。如果專案與計劃結合成功之後還沒有新專案可做，應當根據專案小組成員的意願給他們一個有實際職責的工作職位去尋找創新靈感，或者讓他們去一些舒適的工作職位以便總結創新工作的得失，為下次創新做準備。

Chapter 3
管人似水的成熟公司系統

公司決策：潤物細無聲

公司的決策層應該是對公司投入財富的負責人，只有他們才會有恒心不斷發展壯大公司。儘管過去有很多員工看不到這種努力，但董事會確實這樣做了。其他無論是從 MIS 到 ERP 系統，還是承包制與職業經理人制度，都無法解決責任心的問題

經濟民主劣勢現象──董事會大權旁落？

董事會被其他公共權利排擠不是一二十年的事情了。

> 董事會未能發揮作用最初是在魏瑪共和國時期的德國表現出來的。德國也是第一個將外部控制力量強加給大型企業中的董事會的國家。其形式就是「共同決定」，即從法律上要求工人代表加入董事會，最初是在煤炭和鋼鐵工業中，以後推廣到所有的大企業。當然，參加德國大公司的董事會的並沒有什麼工人代表，而是工會官員。但這並不會改變下述事實，即目前德國大公司的董事會已成為對立各方的一個戰場。
>
> 另一種雖有不同但方向一致的發展趨勢正在瑞典出現，即由政府指定一些人參加大銀行的董事會。迄今為止，指定的人一般都是有品德而為人正直的人。但是，由政府指定人員參加各個公司的董事會的事例開了頭，這種指定就不能長期的不介

> 入政治因素了。而一旦發生這種情況，董事會就再也不能作為一個自制機構、一個高級管理階層的知心人、顧問和指導者而有效的進行工作，而將成為一個控制者、一個敵對者。

──節選自《管理任務、責任和實踐》

董事會失去權力，看上去是民主社會的進步，實際上卻並非如此。

公司的作用在於提高人們的工作效率，所以不斷的在各個職位創新就成為公司存在的重要原因。而民主制度在經濟上只能提出讓多數人接受的傳承性方案，畢竟能提出有效創新的靈感之人是少之又少的。

公司的計劃創新需要計算投入與產出，即經濟效率。只有最優的經濟效率方案才是公司應當選擇的。這種對全局計劃的掌握必須由專業人員來實現，而對資產股份有所有權的董事會掌握計劃的核心──決策是最好的。否則，一次投入計劃的資金過多，而產出的收益不足，就會使存量的財富減少。

如果要公司強行完成福利事業的工作，或在公司中強制完成有悖於公司提高經濟效率本質的任務，雖然短期內可以支持其他事業的發展，但會使公司失去前進方向，最終走向衰敗。最後其他事業仍然會失去公司的支持，而社會本身可能會失去已經發展起來的可以創造財富和促進創新的公司，至少會失去創新機制，從而在整個世界市場中失去競爭力。

從社會的發展來看，民主就不能在經濟領域實施，其本質是在知識上不能民主，我們公司內每個人擁有的知識不同，我們只能實施最優者的計劃，從而讓整個公司創造出最多的財富。

如果我們不採取這種形式，那麼一旦有奴隸主有較一般人為

優的生產計劃，那麼他奴役一群人產生的財富，將多於同樣數量的由自由人群產生的財富。其理由是：此時的自由人無法共同執行一個最優的工作計劃。這時，自由人將在財富上處於劣勢。

我們把這一現象稱為**經濟民主劣勢現象**。

其實民主只是公民們使自己生活得更好的一種工具，從這點上來說民主制度與市場的性質是一樣的。

既然民主制度只是一種工具，那麼民主就有科學性，就有使用的限制，這個限制就是只能在民眾授權的公共衛生領域活動。

而衛生領域就是民主制度的籠子。

如果試圖把民主制度的權力伸到經濟、文化領域，必然導致權力的無限擴大，短時間的殺富濟貧可以使多數人得到暫時的滿足，從而使權力無限化的人成為英雄，進而鞏固獨裁政權。但從長期來說，如果社會缺少了自由向上的動力，那麼最後只能把仇恨引向國外。

在自由主義者較少的國家，要形成有效的民主制度，就要以自由為信仰的群體形成小的團體，以捍衛自由。

實際上，英國制定《大憲章》的是少數貴族，美國《獨立宣言》和美國憲法一開始也只把投票權給男性白人。這說明民主是需要有一群自由主義者來捍衛的。

如何保證把民主關入籠子，古羅馬做得就比古雅典要好。古羅馬有元老院，元老院由下臺後的能力出眾的執政官組成。以執政官們的出眾能力，當然希望有一個自由的空間發揮他們的能力，由此自由精英的組織體就產生了。依靠這一自由主義者團體，古羅馬領先世界千年。

現在世界上高科技武器層出不窮，人類看似前所未有的舒適，實際上危機重重，透過欺騙民眾而走上獨裁的統治者比比皆是，而幼稚的傳統自由理論卻不能阻止他們。

同樣，道德也不能成為插手公司決策的理由。

道德是處理人際關係的準則，它有很多使人變得高尚的標準，如勇敢、無私、勤奮等。

科學是理解自然的規律，以運用自然力為人類服務的。原始的幾何學可以使人認識土地的面積，從而加強對自然資源的管理，力學可以讓人們對基本的力的原理進行認識，電磁學可以使人們利用電磁現象與電磁力。

按照柏拉圖的理念，自然界與人的思維是一個現實與幻影之間的關係。這是二元哲學的開始。

按《幸福經濟學》的理論，人類吃食物會產生兩種效果，即生存的精神感覺與人體的力量。精神感覺就是個人的大腦活動，而人體的力量的運用就是身體動力系統。人的體力系統與腦力系統本身就是兩套系統。

柏拉圖的自然界和人的思維還有《幸福經濟學》中的體力系統和腦力系統實際上是一回事，都是要求把自然力量與思維力量分開對待。

一個道德高尚的人可能不懂科學，科學家也不一定是道德高尚者。

如果一種理論自稱既站在道德制高點上，又是一門科學理論，那麼它一定是一門騙子學說。當然，這不妨礙有人同時研究兩種學科，但他一定是把它們分開了的，如亞里士多德的《倫理

學》與《物理學》。

同樣，我們說不論是道德家還是科學家，都是對社會有利的人。如孔子這種道德家，本身並沒有什麼錯。但是，後來有掠奪者為了反科學，只講道德，不講科學，就把社會推向了一種單極發展的方面，當然是一場災難了。

自由的公司中共同執行一個計劃，並有人對決策結果負責，對於自由世界的自由思想發展並無影響。在這裡，每個人都有自由選擇某個工作計劃的權利，並有機會從別人的工作計劃中學習對自己有用的東西。執行公司計劃的某一部分並無高低貴賤之分，只有執行計劃的內容不同之分。各個層次的管理者、執行者都要保證最優計劃的完成。

在以提高經濟效率為目標的公司中，資產是確認誰是決策者的最優憑依，而不是其他任何憑依，如道德或民意。作為資產所有者的董事會看似在公司中沒有直接參與計劃的組織、執行，但正是由於其對公司資產負責的一個個深謀遠慮的決策才讓公司可以不斷發展壯大。

計劃創新的決策——日本式共同協商的決策

> 舉一個具體的例子。如果美國人同日本人進行一項談判，如一項有關特許權的談判。美國人難於理解，為什麼日本人每隔幾個月就派一批人來，進行西方人認為的「談判」，似乎他們從來沒有聽到過這個題目似的。一個代表團做了大量筆記以後回去了。但六個星期以後又來了另一批該公司中不同領域的人。他們又好像從來沒有聽到過這個題目似的，做了大量的筆記回去了。
>
> 事實上，這表明日本人很嚴肅的看待這一問題——雖然我的西方朋友很少有人相信這一點。他們試圖使同最後協定的執行有關的人都參加這個協商一致的過程，得出這項特許權的確是必需的這一結論。

> 只有在所有同這項協定的執行有關的人都得出了有必要作決策的結論後，才真正開始作決策。只有到那個時候，談判才真正開始———而日本人到那時一般都動作很快。

——節選自《管理任務、責任和實踐》

在日本人看來，公司的多數人，特別是各種職能的管理者們是不是能夠接受這種技術是問題的關鍵。如果能夠接受並認為其有價值的話，那麼只要全盤接受就可以了。

日本人決策的實質就是專案融入設計的第三階段計劃創新有關的決策。這種工作方式把西方的成熟技術當成一個專案引進，而日本公司原來的設計體系就相當於普通公司即將進入第三階段計劃創新時已有的設計系統。

我們把這種典型的日本式決策稱為**計劃創新的決策**。

日本人的決策方式可以在很多公司引進技術時使用，引進其他公司的技術對於大多數公司來說是必不可少的。但是，這往往會引起本公司人員的抗拒。如何將其他公司的技術順利的引進本公司，就需要使用日本人決策的方法，讓大批的管理者、使用者與轉讓技術的公司人員充分溝通交流，這樣一旦大家在各方面達成共識，那麼新技術的推行就會順利得多。

這種讓全員充分參與的做法還可以讓員工對計劃創新的抵觸情緒在前期就表現出來，並且透過有效的交流充分化解矛盾。在接受技術傳播的公司看到新專案的前景之後，有利於增加員工們克服困難的信心。

如果進一步，還可以讓轉讓技術的公司與接受技術的公司其相應的管理部門對接，如計劃層次的兩公司設計部門進行相互交流，組織層次的兩公司人事部門進行相互交流等，可以讓接

受技術的公司管理者直接看到專案在轉讓技術的公司運行的實際情況，從而讓管理者對專案運行胸有成竹，進而加快專案引進的速度。

當然日本人的決策方式在自發創新與專案創新的研發上的效果是不佳的，如果專案部門的專案本身需要得到生產部門的共同決策才能實施，那麼提高經濟效率卻要裁減同事工作量的專案就很難獲得通過。正是因為日本人習慣於第三階段計劃創新，所以他們很難引導自發創新、專案創新的潮流，成為美國、以色列這樣富有創新能力的國家。一個公司如果只懂得第三階段計劃創新，雖然也可以經營得不錯，但不能形成第一流的大公司。

所以說，決策做專案時也要看清楚是什麼階段的專案，計劃創新階段與自發創新以及專案創新階段其使用的方法是截然不同的。能夠找準決策專案所處的階段，針對決策的特點進行判定，本身也是一種有效的決策。

失策管理系統——從 MIS 到 ERP 已過時

決策是指決定的策略或辦法。語出《韓非子·孤憤》：「智者決策於愚人，賢士程行於不肖，則賢智之士羞而人主之論悖矣。」

任何英明的決策不論是軍事、政治還是本書所寫的管理決策，目標都是以很少的代價獲得極大的收穫，從而使決策者與規劃、組織、執行的參與者達到雙贏的目的。

現代的管理系統從 MIS 到 ERP 儘管從表面看來很有道理，卻不實用，因為這些系統居然沒有決策的一席之地。

如何把生產計劃做得完美，使生產中沒有財物浪費現象一直是各類公司追求的目標。但是，不是生產計劃做得天衣無縫就沒

有浪費。因為還有可能成品沒生產出來就已經過剩了，這是不是一種浪費呢？

下面我們來看看流行的系統管理方法 MIS、MRP、MRP Ⅱ、ERP。

A.MIS

主流理解：管理資訊系統（management information system, MIS），是指一個以人為主導，利用電腦硬體、軟體和網絡通信設備以及其他辦公設備，進行資訊的收集、傳輸、加工、儲存、更新、拓展和維護的系統。

本書作者說明：這其實就是對企業資訊的一種經驗性質的匯總，僅僅為計劃做一些參考。

B.MRP

主流理解：物資需求計劃（material requirement planning, MRP），是指根據產品結構各層次物品的從屬和數量關係，以每個物品為計劃對象，以完工時期為時間基準倒排計劃，按提前期時間長短區別各個物品下達計劃時間的先後順序，是一種工業製造企業內物資計劃的管理模式。MRP 是根據市場需求預測和顧客訂單制定產品的生產計劃，然後基於產品生成進度計劃，透過電腦計算所需物料的需求量和需求時間，從而確定材料的加工進度和訂貨日程的一種實用技術。

本書作者說明：這實質上是在對銷售獲利金額認可的情況下，根據產品銷售制定市場計劃，根據市場計劃制定設計計劃，根據設計計劃確定生產的模式。以計劃為中心做到減少、優化庫存。

C.MRP Ⅱ

主流理解：製造資源計劃（manufacture resource plan, MRP Ⅱ），是指在物料需求計劃的基礎上發展出的一種規劃方法和輔助軟體。MRP Ⅱ是在 MRP 管理系統的基礎上，增加了對企業生產中心、加工工時、生產能力等方面的管理，以實現電腦進行生產排程的功能，同時也將財務的功能囊括進來，在企業中形成以電腦為核心的閉環管理系統。

本書作者說明：它的實質是 MRP 階段的升級版，除了具有 MRP 的功能外，又加入兩個新內容。

其一，在新流程之中，把企業組織部門的工作，如設備的工作能力、員工的工作能力做了系統評估，使市場、設計計劃更加完善。

其二，用財務計劃對設計與市場計劃過程進行控制。這就是財務功能加入流程系統之中，使計劃具有閉環的自我控制能力。

D.ERP

主流理解：企業資源計劃（enterprise resource planning, ERP）是指建立在資訊技術的基礎上，以系統化的管理思想，為企業決策層提供決策運行手段的管理平臺。進入 ERP 階段後，以電腦為核心的企業級的管理系統更為成熟，系統增加了包括財務預測、生產能力、調整資源調度等方面的功能。配合企業實現 JIT 管理、全面品質管理和生產資源調度管理及輔助決策的功能。

本書作者說明：ERP 階段就是公司所用的所有資源都要進行計劃、組織，然後進行生產。同時，利用財務預測等功能主動為決策提供一些輔助的資訊，但是本身運作不受決策層的指揮。

分析到這裡我們可以發現，從 MIS 到 ERP 居然沒有決策的

一席之地，它的流程是含混不清的，有時把決策安排在計劃之下，這樣就讓公司失去了決策的獨立性。

僅僅以訂單為依據確定生產絕對不是一種最優的公司模式，很多時候，我們即使有訂單也要推掉一些，用一些財物來支持創新。生產過程使用財富占多少比例，創新使用財富占多少比例，要看市場的行情，要由決策層來決定。這一點是上面這些系統都做不到的。從 MIS 到 ERP 雖然是向有計劃的公司管理轉變，但此期間放棄了董事會的決策自由性，把職業經理人搞得像計劃經濟的官僚集團，使自由經濟失去了原有的活力。

我們把沒有決策一席之地的管理系統稱為**失策管理系統**。

公司的決策部門董事會發揮著關注公司內外創新的責任，特別是公司內部自發創新專案的發現以及對專案部門創新的支持，還有創新專案與計劃結合的落實，這幾點都使公司充滿了提高經濟效率的趨勢。ERP 中沒有董事會的一席之地，看上去減少了資本擁有者的收益，為員工謀求了利益，實際上，是讓公司失去了投入資本完成創新的動力，變得與計劃經濟一樣死氣沉沉。

過去流行的系統管理方法如 MIS、MRP、MRP Ⅱ、ERP 等都有或多或少的缺陷，至少有違誰投資、誰負責的基本原則，特別是創新投資負責人無法找到，這樣會使公司在使用這些系統後反而失去生機。

公司協調：行雲流水

作為公司協調負責人的總經理應當瞭解公司各部門財富的投入與產生過程，把各部門高效率並且順暢的放在一起工作，防止內部管理人員拉幫結派，形成官僚作風。

過去，我也認為總經理只是單方面的貫徹執行決策，但隨著對管理的深入思考，外加總經理有向決策層反饋工作的職責，所以把總經理定義為協調者，其辦公室為協調部門。

總經理全局掌控力──公司遭遇退單之後的補救

在這裡先說說我親身經歷的一件事。

> 我在開外貿公司時遇到過這樣一件事，與一家 A 公司談好了一批厚棉 T、短袖 T-Shirt 的價格，並與外國客戶簽訂了合約，下單讓工廠訂做。
>
> 在厚棉 T 的生產過程中，A 公司遇到了很多技術問題，如微皺的領子不好做，還有色塊要拼塊，等等。半個月後 A 公司居然說他們做不了厚棉 T，要退訂單。
>
> 退單對我的公司與外國公司來說都是巨大的損失，可以說我們都將失去客戶。這一點是我們不能接受的。
>
> 幸好短袖 T-Shirt 的交貨期在前面，厚棉 T 的交貨期在後面。我們又找了一家 B 公司補上了這筆訂單。
>
> 在 A 公司退單的談判之中，A 公司居然振振有詞的說，他們工廠經常有做不了的訂單就退的事，做生意總不能虧錢。
>
> 後來我們經過深入瞭解，這家 A 公司的老闆是從裁縫店的裁縫慢慢起家的，他可能還停留在裁縫店裡接到街坊鄰居顧客面料後做不了退回去的思維上。
>
> 我們問了一下其他工廠接到訂單後完成不了所採取的方法，多數人會利用商業人脈優勢找到有空閒的專業廠家外發生產，一小部分是

採取偷工減料的辦法，當然這兩種情況都是我們不願意遇到的。

我的公司只好找到另一家 B 公司。問題是，如何避免 A 公司報價之後做不了訂單的情況不在 B 公司發生？

我的公司在與 B 公司協商價格簽訂訂單之後，就要求 B 公司招集與此次生產訂單有關的部門，包括下料計劃部門、裁剪部門、車工部門以及廠長、老闆等人共聚一室，與我公司的人員一起分析訂單中的要點、困難。例如：下料計劃部門分析了最近印染布料的成本是否有變化；車工部門分析了這次訂單可能比平時多出來的工序問題；廠長考慮了訂單生產排期的問題；等等。而老闆則分析生產這批貨時要比平時多付出多少成本。我的公司則根據自己的經驗幫助 B 公司老闆協調處理這些問題。這樣，就不會再發生做這單生意不賺錢，從而退單的事。

這也是我的外貿公司在無奈之下被迫採用的方法，從而保證公司的訂單不會被延期。

在這個實例中，我的公司充當了 B 公司總經理的角色，讓 B 公司各部門可以協調執行內容，明確各部門承擔的責任。

事實上，在多數公司，都有一位總經理或者一位副總經理對公司的生產、經營情況十分瞭解，可以給客戶迅速報價。

我們把這種總經理對公司全方面經營的深入理解以及方全面的協調能力稱為**總經理全局掌控力**。

不過，在職能管理不明確的公司往往缺少這樣具有全局掌控力的人才。

在這裡，我們可以看看迅速報價意味著什麼。

迅速報價既可以反應出一個公司對生產全局的把握能力，也可以反應出公司對客戶的重視程度。

如果不是對決策─執行流程的每一步都很熟悉，瞭解各個部

門在執行訂單中投入的成本，是很難為客戶準確報價的。一般公司的報價都要由公司總經理制定，或者給出價格上限，因為只有總經理對整個公司的決策—執行流程有完整的瞭解。

客戶往往非常重視合作公司的報價回應速度。如果合作公司連報價都拖拖拉拉，那麼讓他們按質按量的履行合約就更難了。其中的原因可能是公司業務人員不敬業，沒有及時的反應客戶的需求；或者是公司經理對需要報價的產品不熟悉，需要很多人員反覆核對，才能報出價格。

不論是哪種情況，都不是客戶理想中的供應商人選。

具有全局掌控力，其實就是瞭解產品生產過程的產出、投入比，並具有控制協調能力，對公司現有訂單排期了然於心。只有這樣，才能為客戶報出合理的價格，為公司創造出效益。

效率平衡點——《國富論》分工的奧秘

本書把員工的工作方式分為單線進行的工作、平行進行的工作與同步進行的工作。

單線進行的工作：單線進行的工作往往出現在專案的初創階段，因為對下一步工作進行的情況沒有把握，所以只有等本步驟工作完成後，才能進行下一步工作。

平行進行的工作：每個人執行的都是單獨的工作，如計件的衝壓臉盆工作。只要準備充分，一個主管可以管理數十個員工，因為其中任何一個員工的差錯都不會對其他員工造成影響，而且由於每個人對自己的工作可以充分檢查並負有責任，所以出現問題的可能性不大。

同步進行的工作：每個人的工作都是合作完成的，一旦有人失誤就可能對後續工作造成影響。如汽車的製造，前面工序的一個員工的螺絲沒有打緊，可能造成最後整車安裝不進去，最後所有中間步驟都要返工。在很多情況下，新進的員工根本不知道自己無意識的行為對後序工作的影響。這種工作對中層主管的要求更高，一個中層管理者管理的員工較少。

不論是計劃、組織還是領導層次的中層管理者，都會接觸到平行或同步的管理任務。面對這兩種任務應當區分對待。

同步進行的工作適合複雜的專案。從另一個角度來說，對於複雜工作，我們經常需要把平行進行的工作分解成同步進行的工作，來實現管理。下面是《國富論》中對分工生產別針，從而使生產別針的效率大大提高的例子。

> 別針製造業是極微小的了，但它的分工往往能喚起人們的注意。所以，我把它引來作為例子。一個勞動者，如果對於這個職業（分工的結果，使別針的製造成為一種專門職業）沒有受過相當訓練，又不知怎樣使用這個職業上的機械（使這種機械有發明的可能的，恐怕也是分工的結果），那麼縱使竭力工作，也許一天也製造不出一枚別針，要做二十枚，當然是絕不可能了。但按照現在經營的方法，不但這種作業全部已經成為專門職業，而且這種職業分成若干部門，其中有大多數也同樣成為專門職業。一個人抽鐵線，一個人拉直，一個人切截，一個人削尖線的一端，一個人磨另一端，以便裝上圓頭。要做圓頭，就需要有兩三種不同的操作。裝圓頭，塗白色乃至包裝，都是專門的職業。這樣，別針的製造分為十八種操作。有些工廠，這十八種操作，分由十八個專門工人擔任。固然，有時一人也兼任兩三門。我見過一個這種小工廠，只雇用十個工人，因此在這個工廠中，有幾個工人擔任兩三種操作。像這樣一個小工廠的工人，雖很窮困，他們的必要機械設備，雖很簡陋，但他們如果勤勉努力，一日也能成針十二磅。以每磅中的針有四千枚計，這十個工人每日就可成針四萬

> 八千枚,即一人一日可成針四千八百枚。如果他們各自獨立工作,不專習一種特殊業務,那麼,他們不論是誰,絕對不能一日製造二十枚針,說不定一天連一枚針也製造不出來。他們不但不能製造出今日由適當分工合作而制成的數量的二百四十分之一,就連這個數量的四千八百分之一,恐怕也製造不出來。

從這裡我們可以看到,把平行進行的工作分解,然後變成同步進行的工作可以大大的提高工作效率。

這是由於使用的是整體工具,所以有專業人員可以進行流程的優化設計。

這種整體工具使勞力的使用更專業和熟練有效,從而大大提高了執行者的效率。而且使用整體工具可以使工具更專業,從而使同樣單位的產出使用的資源更少。

同時,由於管理變得複雜,管理成本增加了。這就是是計劃、組織、領導員工同步使用整體工具的成本。而設計製造工具成本,我們在前面可以作為負數計算入整體工具的成本中,所以這裡所指增加的成本就是管理成本。

這就需要我們在平行進行的工作與同步進行的工作之間找到一個平衡點,這個平衡點可以使在既定的產出條件下,生產與管理成本的總體投入最少。

我們把這個平衡點稱為平行進行的工作與同步進行的工作的**效率平衡點**。

隨著新專案進入設計階段,公司的運行設計不斷完善,公司的管理成本將逐漸減少,公司對產品的控制將以抽查的方式進行。這時,平行進行的工作與同步進行的工作的管理成本都會減少,但同步進行的工作由於原來管理成本高,所以表現出來的管

理成本將減少得更多。

在創新的專案階段以及計劃階段,有時候我們會面臨競爭對手的創新壓力,這時快速的推出新產品以及新的生產線,是公司取勝的關鍵。往往比競爭對手早一天推出新產品,就會在客戶心中占據領先者的地位。這個時候採用同步進行的工作的方式,可以大大的節省創新完成的時間。

非主業最簡原則——公司成立之初就必須有公司章程嗎

在大公司的宣傳欄中,我們第一眼能看到的不是工作計劃,而是一些規章制度,其實這就是一種工作計劃的完善。例如,如果員工遲到一次,公司的規章中會寫明停發一個月的獎金。而如果員工曠工一次,公司的規章中就會寫明停發一個季度的獎金。這種制度不僅僅針對人,也可以針對財物,如供應商供貨不良率超過5%,採購的材料直接退回,等等。

這些稱作規章制度的計劃與市場、設計計劃不同,雖然也可以看成一種計劃,但這種計劃是以預防問題以及快速處理問題為目標的。

如果沒有「員工遲到一次,公司的規章中會寫明停發一個月的獎金」的規章制度,那麼有的員工遲到公司不處罰、有的員工遲到受到處罰,就會造成管理者的權利過大、員工透過行賄等方式拉攏管理者、管理者一手遮天的局面。

有了明確的規章制度後可以大大節省處理計劃外的問題的時間。如果供應商供貨不良率過高,他們也許會找各種理由使自己的產品不被退回,這給採購人員增加了很多額外的工作量。而且如果曾經有採購人員同意高不良率的產品進入公司,那麼更是會

對現在的採購人員造成一定的壓力。因此，明確的規章制度可以使採購人員理直氣壯的拒絕高不良率的產品。

這些規章制度看似瑣碎，其實作用不小。

企業的計劃有時就像對小孩的教育，讓小孩正常作息、鍛煉固然很重要，一些行為習慣也要重視。

很多老人家會縱容小孩子吃糖。小孩子吃糖雖然是小事，不過一旦牙齒壞掉，對小孩的整體形象來說就不好了。

同樣的，很多時候我們歷經辛苦才完成產品的生產，但其中一個小零件如果我們不按規定操作，其他所有努力都可能前功盡棄。

輔助計劃的目標就是預防與快速處理計劃外的問題，而不是其本身有多完善。

我們把這個原則稱為**非主業最簡原則**。

一條規章制度在建立之日起就從來沒有起到過作用，那麼這條規章制度就只是在浪費員工的時間。

公司在新設立時應當有的就只是一些創始人普遍認可的原則，而不是一本厚厚的公司章程。如果通用章程對公司是有用的，應當會在市場上找到初創公司的通用章程暫時做參考備用。

與之相對應的是，公司專案部門受公司章程的約束較少，因為專案部門與公司初創時一樣，應當拿出更多的時間來考慮創新，而不是把時間用在研讀規章上。

約束專案組成員的最好制度就是專案實施的品質與期限。這樣就可以省去更多的研讀與討論規章的時間，要知道在新產品的

研發上，晚了一天就有可能落後了一個時代。

權力不生根原則——玄武門之變新解

我們以中國著名的玄武門之變為例說明小團體的形成與防範。

玄武門之變相信大多數讀者都有所瞭解，玄武門之變是唐高祖武德九年六月初四（西元六二六年七月二日）由當時的天策上將、唐高祖李淵的次子秦王李世民在唐朝的首都長安城（今陝西省西安市）大內皇宮的北宮門——玄武門附近發動的一次流血政變。

在起兵反隋的過程中，李建成與李世民兄弟二人配合仍算默契，直到唐朝建立。

唐高祖李淵即位後，李建成為太子，常駐宮內處理事務，為文官集團代表；李世民為秦王，繼續率領武將集團帶兵出征，功勞也最大。

太子自知戰功與威信皆不及李世民，心有忌憚，就和弟弟齊王李元吉聯合，一起排擠李世民；同時，李世民集團亦不服太子，雙方明爭暗鬥。

經過長期的鬥爭，李世民集團逐步占了上風，控制了局面，最終李世民設計在玄武門殺死了自己的長兄皇太子李建成和三弟齊王李元吉。據傳，李世民逼迫其父唐高祖李淵立自己為新任皇太子，並繼承皇帝位，是為唐太宗，年號貞觀。

很多人都不理解，李世民的兄弟之爭怎麼會發展到你死我活的地步。如果不殺死李建成，只是軟禁起來，不也可以達到奪取

政權的政治目的嗎?

其實這就是兄弟之爭的殘酷性。這是一種你中有我、我中有你的尷尬局面。這些效忠於李世民的家臣今天忠於李世民,明天可能受不到重視,就投奔了李建成,到時與軟禁起來的李建成一勾結,那麼李世民的命就不保了,所以李世民只有痛下殺手。

李世民與李建成的矛盾為什麼會那麼深呢?

從一般人的角度來說,如果兄弟兩個一起打天下,一個人當了皇帝,另一個失去權勢做個親王也很好呀。

但是,對於這兩個人的手下來說,就不是那麼回事了。

當時李淵為了充分發揮兩個兒子的能動性,充分的授權給兩個兒子,李建成有一個太子府的班底,同樣李世民也有一個天策府的班底。

一旦他們其中一個繼承了皇位,那麼也許真像一般人認為的另一個可以當一個無權的親王,但是失權者的手下就可能失去靠山,面臨著過去功勞被抹殺甚至被迫害的窘境。

所以,兩兄弟鬥爭之中,最著急的是那些立有大功的太子府與天策府的家臣,這些人在平時的戰爭中又是兩兄弟出生入死的好朋友,當然受到兩個人的信任。他們會不斷相互鬥爭,並打上李世民與李建成的標籤,讓兩兄弟覺得確實是對方在迫害自己,從而矛盾日積月累最後真正成仇。

如果只是天策府與太子府的人爭鬥,這種爭鬥波及面並不會很廣。李世民與李建成的班底相當於專案部門,兩個專案部都可以直接對計劃體系下的部門下達指示則是問題的根源。

經常是李唐的政府部門某一天會接到李建成的太子府的命

令,剛準備執行又接到李世民的天策府的命令,過不了多久,李淵的聖旨又會下達。這樣一來,政府部門中的人員必然會與天策府或太子府的人勾搭在一起,謀求更緊密的對接以完成工作任務,並能在日後新皇帝上位時可以升官發財,這樣整個官員體系就出現了分化與對立,雙方的衝突就很容易爆發。

同樣的道理,一些大公司授權給副總經理或者職能部門的領導設立專案,這就意味著大公司副總經理或部門領導可以非正常調動大公司中的海量資源來解決問題。問題一旦解決,很多員工可以得到超出一般經濟效率的專案獎勵,這時受益員工必然會把副總經理或部門領導拉入小集體,讓副總經理或部門領導做專案更加順利,但副總經理或部門領導也會對小集體形成依賴。而且為了讓所管理部門的專案小組更多的分配到資源,就會調動部門力量與其他專案小組作對,這對公司的專案創新是很不利的。

特別是由公司副總經理兼職專案管理,很多情況下大公司的專案都是由幾個無所不管的副總經理去負責,他們的權利是相互交錯的。部門員工既可以為這個副總經理工作,也可以為那個副總經理工作。獲得利益者就更容易形成派系。

即使不是部門領導或者副總經理擔任專案負責人,一旦專案實施,就應當有具體的收回期限,即專案創新完成的時間。不然,這些部門的領導就會把其作為一種私有權利處理,更重要的是其下屬也會抵制對部門的改造,從而形成公司決策之外的新的團體。

羅馬共和國初期對執政官的授權時限為一年,就可以有效的防止士兵成為私兵。後來隨著羅馬共和國版圖的增大,執政官們長時間在外帶兵,就把共和國的士兵變成自己的私有士兵,成為

羅馬共和國加速衰亡的一部分原因。

本書認為專案部門作為有獨立權限的設計部門,能把做專案的人減少到最少,讓專案部門不會與設計部門混在一起。

由於專案部門是由公司各部門有創新思想者組成的小團體,所以由分管的決策者去與之溝通,讓專案部門感到公司的支持與關注,從而增加其向心力,保證對決策部門策略的執行。

回過頭來看玄武門之變中的太子府與天策府,其實就是兩個專案部,做著同樣的專案。而且這兩個專案部門都有權力改變計劃部門,讓行政部門內不少人已經跟李世民、李建成站邊,這一點是太子府與天策府最後失去控制的主要原因。

最後這個國家按哪個專案部的模式來治理,就成了兩個專案部爭議的焦點。要制止這種兄弟相爭,首先就應當讓太子府與天策府失去指揮其他行政部門的權力。

我們把專案部門的權力限制在一定的時間以及管理區域之內的原則稱為**權力不生根原則**。

大公司在運行中也有這種類似問題,但只要堅持公司的專案小組不與計劃部門攪和在一起,他們的創新功勞很容易一目了然,到期完成專案就可以進行其他工作,就不會有什麼小團體形成。

如果是小型公司,本身人員就不多,由總經理負責公司的少量專案,自然只有各個部門經理兼職專案部門人員。

如果是中型公司有幾個專案小組要同時進行,就需要總經理有足夠的能力控制幾個專案小組的管理者不要相互傾軋。

如果是大型公司則應依照權力不生根原則,突出計劃與專案

部門分開執行，可以使公司形成小團體的聰明人都把精力放到創新上去，促進公司經濟效率的提升。

創新彌補型腐敗——紅包、冰敬、炭敬的規矩從哪裡來

我們知道中國古代官場有紅包、冰敬、炭敬這些送禮陋習。對於官僚體制腐敗的形成有很多種說法，不過本書認為官僚體制的形成主要來源於官僚在社會分配中的不平衡，也就是說官僚們沒有得到應得的工作報酬。

這個觀點可能讓人大跌眼鏡。我們先以封建官僚的腐敗為引子來看看問題所在。封建官僚們已經居於封建制度的上層，他們位極人臣，還沒有得到應得的報酬嗎？

是的。

這主要從以下兩個方面來講：

第一是進入官僚體系的問題。

王朝的第一代官僚個個提著腦袋做事，當然封賞也是豐厚的。但是，王朝進入穩定階段之後，想要得到那種戰爭時期的封王封侯的重賞已經很難了，但朝臣們暴富的做事基因是沒有改變的。

官僚系統中如果有新的空缺，憑什麼讓平民進入刀口舔血才建立起來的隊伍？從情理上來說，新來者就應當表現出不只是對帝王的效忠，還應當表現出對前輩的效忠，所以紅包、冰敬、炭敬這些就成了官僚體系認可的倫理規則。

當然，這種規則也產生了逆向淘汰，那就是沒有錢的人想進入體系之中，就要借錢，借到錢還不了就只有魚肉百姓。

第二是創新問題，特別是工商業創新。

隨著王朝的穩定，工商業逐漸發展，要破除的封建藩籬越來越多。

比如明朝初期不准商人穿綢緞，但是有的官員就會變著法讓商人們穿上綢緞，比如給個小官，讓大商人做紅頂商人。這些都是官員們冒著危險甚至拚著性命給社會上各層次人士爭取來的福利。

那麼，這些商人當然也會心甘情願的為官員們送上財物，達到雙贏的效果。

隨著社會的不斷創新，封建藩籬漸漸的被打破，官場的陋習也越來越多，並沉積下來，成為官員們不可逾越的行動準則。

公司與國家的情況也差不多，如果公司在運作細節上不能保持不斷的更新，總處在一種吃老本的狀態，那麼有人想進入這個吃老本的圈子，就要給退出者好處。

如果沒有制度創新帶來的紅利，官僚層就只有依靠腐敗來獲得計劃外的創新收入。我們把這種情況稱為**創新彌補型腐敗**。

一旦改變規則的自發創新不能得到公司的認可形成專案創新、計劃創新，時日一長，自發創新的受益者就會給自發創新者好處，這就成為體制內不成文的獲得額外收入的陋習。陋習一旦形成，往往是集體性的，如果想根除，就是一個大手術。這就是很多陋習不能在開發中國家根除的原因。

公司的陋習也是公司規則的很多細節不能適應實際情況的體現。

總而言之，發現並鼓勵制度細節完善中的自發創新，促成專

案創新、計劃創新,並給予創新者應有的專案分紅獎勵,才是解決創新彌補型腐敗並治理陋習的根本。

公司計劃:遇水架橋

公司計劃分為設計部門的計劃與市場部門的計劃兩部分。公司設計計劃是公司決策與執行銜接的重要部分,是認識從偶然轉向必然的集中體現。要讓決策落實到執行就要對 ISO9000 這樣一些過去的管理體系的核心哲學進行改進,保證公司發布計劃的完整性。

八步設計創新流程——ISO9000 的核心哲學改進

ISO9000 品質管理體系是一個圍繞以品質為中心的管理體系。在品質的檢查過程中,供方在生產所訂購的貨品中,不但要按需方提出的技術要求保證產品品質,而且要按訂貨時提出的且已訂入合約中的品質保證條款要求去控制品質,並在提交貨品時提交控制品質的證實文件。這種辦法促使承包商進行全面的品質管理,這就是 ISO9000 品質管理體系產生的緣由。但 1998 年被調查的一小批美國製造公司大多承認下列 ISO9000 認證所帶來的內部利益和外部利益:產品品質的改善、顧客注意程度的增加,為重新設計功能步驟而形成的基礎,市占率的增加;不過,有 21% 的公司認為品質認證對品質體系及產品沒有產生效果。那麼,ISO9000 的優勢與缺陷在哪裡呢?

ISO9000 品質管理體系是指由 ISO / TC176(國際標準化組織品質管理和品質保證技術委員會)制定的國際標準。該標準是品

質管理體系通用的要求和指南。

隨著國際貿易發展的需要和標準實施中出現的問題，特別是服務業在世界經濟中所占的比例越來越大，ISO／TC176分別於1994年、2000年對ISO9000品質管理標準進行了全面的修訂。該標準吸收了國際上先進的品質管理理念，採用了PDCA循環的品質哲學思想。那什麼是PDCA循環的品質哲學思想呢？

PDCA（plan-do-check-action, PDCA）循環是品質管理循環，針對品質工作按規劃、執行、檢查與調整來進行活動，以確保可靠度目標之達成，並進而促使品質持續改善。該概念由美國學者愛德華茲·戴明提出。這四個部分的循環一般用來提高產品品質和改善產品生產過程。PDCA這四個英文字母及其在PDCA循環中所代表的含義如下：

P（plan）規劃，包括方針和目標的確定以及活動規劃的制定。

D（do）執行，根據已知的資訊，設計具體的方法、方案和計劃布局；然後根據設計和布局，進行具體運作，實現計劃中的內容。

C（check）檢查，總結執行計劃的結果，分析哪些做對了、哪些做錯了，找出問題。

A（action）調整，對總結檢查的結果進行處理，對於成功的經驗加以肯定，並予以標準化；對於失敗的教訓也要總結，以引起重視。對於沒有解決的問題，應提交給下一個PDCA循環去解決。

我們縱觀ISO9000品質管理體系的核心就是以目標（顧客要

求或訂單）為設計依據進行生產，並在執行中不斷改進。如果未滿足目標，那麼就需要重新設計。

從這點來看，這個 PDCA 循環本身就不是個真正的循環，而是個在 P 下面的 DCA 循環，因為顧客的要求你是無法去影響的。如果你做不出令顧客滿意的產品，那麼顧客就會去買別家的產品。

換句話說，PDCA 循環最多可以對已經有的顧客進行服務，而對於開拓市場甚至拒絕部分顧客的不合理要求而使用經費開發更廣闊的市場是有害無益的。

對顧客的不滿，PDCA 也只能採取頭痛醫頭、腳痛醫腳的解決方案，而對其引發的系列問題是不能解決的。

從這裡可以看出，ISO9000 品質管理體系真正的成功之處就是按計劃進行生產。過去，很多公司沒有按計劃生產，或者不是每次都按圖紙生產。

按本書的理論，產品在計劃創新階段，應當採取以下流程：

第一步：決策層需廣泛瞭解公司自發創新的專案，這些專案包括決策、生產、設計、銷售、市場等方面人員在實踐中摸索出來的創新觀點。市場與銷售的自發創新包含顧客對他們的建議，以及顧客給出的可接受的訂單條款。

第二步：由決策層做出哪些自發創新有效，可以轉化為專案的決策。當然，在大公司，投入小、涉及範圍小的自發創新的專案可以由總經理直接指定人員處理。

第三步：把自發創新的專案進行反覆實踐，變成可行的專案。

第四步：由決策層確定哪些專案創新可以投入計劃之中。

第五步：以決策為依據，把專案創新融入計劃創新之中，由財務部門進行控制。

第六步：在產品的組織階段，組織方案按計劃執行，並由會計進行控制。

第七步：在產品的生產階段，產品按設計生產，按市場計劃銷售，最後由品管人員對產品品質進行把關。

第八步：計劃、組織、執行及控制中發現的問題，都會反饋

到決策部門，由決策部門根據問題的重要性與急迫性，責成專案部門進行實驗，然後由設計部門進行全面的改進設計，而不是頭痛醫頭、腳痛醫腳。

我們把這八個步驟稱為**八步設計創新流程**。

在公司的初創時期，由於規模較小，就相當於一個專案部門在運作。這時可以省略其中一部分內容。

這樣，本書的八步設計創新流程遠高於ISO9000品質管理體系所做的經驗式的設計-執行-反饋體系，真正做到了決策、設計、生產、控制的一致性，以保證產品按決策的要求生產出來，以實現決策、協調部門與組織、領導、控制部門的完美銜接。

計劃完整性原則——製藥公司為何出售與轉讓創新專案

在人們傳統的思維之中，本公司取得的專案研究成果自然要讓本公司員工使用。但實際上這種觀點已經被證明是過時了的。

> 有一家大製藥公司在某項新的研究專案有很大的可能取得成就時，並不把專案加入已有的生產計劃之中去，而是採取另外興辦企業或特許經營的方式。這家公司的高級經理人員説：「有少數情況，我

> 們決定利用這項研究成果同別的公司合辦一個企業。我們所選擇的公司往往是具有製造這種藥物的專門知識的化學公司。而我們卻缺乏這方面的專門知識。我想不出有什麼例子,我們可以自己利用經營的研究成果,卻予以放棄、出售、轉讓或與人合辦企業。如果我們有什麼錯誤的話,那就是我們把自己的研究成果過多的自己經營利用了;就是不願承認這一事實,我們的研究成果雖然是很激動人心並有發展前途的,但對我們公司來講並不合適,或者由我們公司來研究和銷售並不適當。」
>
> 　　可是,這個公司卻是在國內外首先以其在製藥工業的主要最終用途市場中產品線的廣泛和佔有領先地位而知名的。由於它的上述政策,它能把力量集中於意義最大的發明成果上,能夠從其技術資源中獲得最大的利益。其收益的三分之一左右來自它開創而並不自己製造,但出售、轉讓或與人聯合製造的藥品和化學品。

——節選自《管理任務、責任和實踐》

　　為什麼要把公司的專案成果放棄、出售、轉讓或與人合辦企業?

　　很多人可能認為這是公司沒有足夠的財力或者這些專案成果沒有價值,但真正的原因是公司的計劃體系難以容納這些創新專案。

　　對於一個具有龐大生產計劃的公司,如果其中一部分人被調配到一個新的專案中進行實驗,那麼這些人是否願意成為參加新專案的人選?專案萬一失敗返回本職位時,本職位已經被人代替等一系列的人事問題,都是讓人頭痛的。而且這些被調入的人員適應了按計劃生產的工作方式,換成按要求自覺、主動生產的方式進行工作,也是難以適應的。

　　這時我們就需要一些勇於嘗試、樂於冒險的人去做新公司的開拓者,這些人往往是社會上的待業者,只要讓公司的管理人員

培訓一下，他們短時間就可以進入工作狀態。

在眾多原有員工因為專案問題無事可做、新員工已經招入的情況下，不只是人員，還有資源與設備甚至是計劃都會發生巨變。公司原有的設計已經過長期的優化，如果要增加新的生產線，那麼很多過去對生產線的優化就會變得無效，這無疑會遭到過去做出創新的老員工的反對。就拿其他員工來說也會如此，新的產品加入了，原來的工作臺就要重新設計與整理。倉庫與設備也是一樣，原來正合適的倉庫不夠用了，原先可以正常找到的東西找不到，設備不能確保正常維修時間等一系列問題都使得執行新計劃舉步維艱。

我們從上面的論述可以看出，維持已有工作計劃的完整性不受專案打擾的重要性。因此，我們把這種公司運行中需要堅持的原則稱為**計劃完整性原則**。

如果新專案足夠簡單，可以在原來的生產線外部加一條生產線，但大多數新專案事實上都沒有這麼簡單，這時就需要我們把新專案以各種方式出售出去。

在累積了一定的資金之後，我們可以重新建立一條生產線，把保留的新專案與原有計劃完美的結合在一起，以更大的規模生產出更先進的產品。

保證計劃完整性原則不僅對老員工負責，也使工作計劃變得完整、縝密，避免了新、舊專案計劃相互糾纏不清的一團粥的情況發生。

精簡有效制原則──哥倫布立雞蛋

現在很多設計部門都有昂貴而高效率的電腦，動不動就把所

有設計理念用數學模型進行高科技的模擬運算,似乎不動用這些機器就不能顯示設計者的高技能、高水準。公司的設計靠這些機器就會更有經濟效率嗎?

這裡有一個哥倫布立雞蛋的故事就很能說明問題。

> 哥倫布從海上回來,他成了西班牙人民心目中的英雄。國王和王后也把他當作上賓,封他為海軍上將。可是有些貴族瞧不起他。他們用鼻子一哼,說:「哼,這有什麼稀罕?只要坐船出海,誰都會到那塊陸地的。」
>
> 在一次宴會上,哥倫布又聽見有人在譏笑他了。「上帝創造世界的時候,不是就創造了海西邊的那塊陸地了嗎?發現,哼,又算得了什麼!」哥倫布聽了,沉默了好一會兒,忽然從盤子裡拿個雞蛋,站了起來,提出一個古怪的問題:「女士們,先生們,誰能把這個雞蛋豎起來?」
>
> 雞蛋從這個人手上傳到那個人手上,大家都把雞蛋扶直了,可是一放手,雞蛋立刻倒了。最後,雞蛋回到哥倫布手上,滿屋子鴉雀無聲,大家都要看他怎樣把雞蛋豎起來。
>
> 哥倫布不慌不忙,把雞蛋的一頭在桌上輕輕一敲,敲破了一點兒殼,雞蛋就穩穩的直立在桌子上了。
>
> 「這有什麼稀罕?」賓客們又譏笑起哥倫布來了。
>
> 「本來就沒有什麼可稀罕的,」哥倫布說,「可是你們為什麼做不到呢?」
>
> 賓客們一個個強詞奪理:「雞蛋都破了,那算什麼呢?」
>
> 哥倫布卻繼續保持不以為然的態度:「我在剛開始定條件時,說過不允許把雞蛋敲破嗎?」
>
> 哥倫布離席而去時還留下了一句令人回味的話:「我能想到你們想不到的,這就是我勝過你們的地方。」
>
> 賓客們一時啞口無言。

如果我來代替哥倫布回答,我會說,我按自己的想法,利

用這麼簡陋的船做了這麼簡單的事為社會做了這麼大的貢獻，請問，你們使用著複雜、昂貴的裝備卻不能為社會做出貢獻，不是更加覺得應有所思嗎？

從經濟學的角度看，獲得同樣的效果，越是簡單的自發創新越應提倡，我們複雜的設備只是在必不可少的工作中才應當選購。

我們把這種追求簡單解決問題方式的工作原則稱為**精簡有效制原則**。

很多成功人士都很好的應用了精簡有效制原則。美國鋼鐵大王卡內基就對簡單而實用的發明有獨到的眼光。他充當「伯樂」，將臥鋪車的發明者伍德拉夫引薦給賓夕法尼亞鐵路公司，建立了一家火車臥鋪車廂製造公司。要知道在一般人眼裡這就是把床搬到火車上這麼簡單的設計改進，也只有卡內基這種對設計產生的效果重視的人才會欣賞這種設計。

卡內基還透過借貸投資買下該公司 1/38 的股份。僅 200 餘美元的投資，一年分得的股票紅利高達 5,000 美元。卡內基抓到了一只會下金蛋的雞。到 1863 年，卡內基在股票投資上已成為行家裡手，從而使卡內基獲得人生第一桶金，為日後建立鋼鐵企業奠定了基礎。

產品的設計要避開只講求高級工具、高學歷的誤區，先看設計產生的效果，再利用經濟效率公式，對設計的投入產出比進行分析。以精簡有效制原則制定高經濟效率的計劃才是設計大師們的高超手法。

需求系統性要求——摩斯賣保險櫃的故事

> 紐約有位年輕人摩斯,在紐約市的一個熱鬧地區租了一家店鋪,滿懷希望的做起保險櫃的生意。
>
> 然而,開業伊始,生意慘淡。每天雖有成千上萬的人在他店前走來走去,店裡形形色色的保險櫃也排得整整齊齊,但卻很少有人光顧。
>
> 看著店前川流不息的人群,摩斯想來想去,終於想出了一個突破困境的辦法。
>
> 第二天,他匆匆忙忙的前往警察局,借來正在被通緝的重大罪犯的照片,並把照片放大幾倍貼在店鋪的玻璃上,照片下面還附上說明。
>
> 照片貼出來以後,來來往往的行人都被照片吸引住了,紛紛駐足觀看。人們看過逃犯的照片後,都產生了一種恐懼心理,本來不想買保險櫃的人,此時也想買一臺了。因此,他的生意立即有了很大的改觀,原本生意清淡的店鋪突然變得門庭若市。
>
> 就這樣不費吹灰之力,保險櫃在第一個月就賣出 48 臺,第二個月又賣出 72 臺,以後的每個月都能賣出七八十臺。
>
> 不僅如此,因為他貼出了逃犯的照片,警察順利的緝拿到了案犯。因此,這位年輕人還領到了警察局的表彰獎狀,當地報紙也對此做了大量的報導。他也毫不客氣的把表彰獎狀連同報紙一併貼在店鋪的玻璃窗上。由此錦上添花,他的生意更加紅火。

從這則小故事可以看出,摩斯透過張貼罪犯海報,提示罪犯可能在你身邊,從而讓顧客想到可能遇到的安全問題,進而產生購買計劃。

圍繞顧客需求計劃的實現,就找到了顧客購買獲得與消費付出的比較優勢。那就是沒有購買計劃的支持,許多相關的計劃都會遭遇失敗。

有人可能會說,顧客有什麼計劃,難道市場人員會知道嗎?是的,剛開始時每個顧客的計劃,市場人員是不知道的,但銷售

人員可以透過詢問、溝通瞭解情況。作為用計劃指導銷售人員的市場人員應該對所有消費者的基本計劃體系有一個基本的認識。

市場規劃的基本原理也是心理學應當遵守的原理。每位顧客在有消費需求之前，就已經有了需求體系，這個體系隨著環境的變化會不時產生一些清晰或不清晰的購買計劃。

各種消費需要產生的購買計劃的特點是不同的。

顧客的購買行為是有計劃的，這種計劃本身就來源於顧客支出的金錢，是個人過去收入的一部分。收入代表的是某種經濟效率在過去一段時間的所得，因此顧客對自己獲得財富的能力是有一定瞭解的，這種瞭解決定了其購買計劃。

例如，我們不能盼望一位普通員工去購買一幢紐約市中心的大樓，因為其獲得財富的能力有限，所以其支出就只能限定在其經濟能力之內。

顧客消費的需求有如下分類。

人的需求體系以體力與精力的補充為中心，包括五種需求：

食物需求：補充體力（包括產生精神的腦力）需求。

衛生需求：捍衛體力需求，如穿衣、住房、器皿、衛生醫藥用具等。

方便需求：節省體力需求，如製造機械、小工具、出行道路等。

文化需求：以社會共識為中心的需求，如對自己體力的瞭解與身體技能的掌握、旅遊探索自然、社會人文知識、學習技能與書籍知識等。

精神需求：以自我精神為中心的滿足需求，如宗教、美味、遊戲、藝術等。

其中，很多需求都是隱性的，如安全需求。只有當危險在附近時，我們才會想到這種需求從而制定購買計劃。

一般來說，普通人都會留有一筆資金以應對安全問題，如果一切平安，那麼就有可能在某時段把這筆資金花在其他方面；如果有遇到危險的可能性，那麼就會提前把這筆資金使用在安全需求方面。

保證顧客自身需求體系的可持續性與穩定性是顧客潛意識消費計劃的重要部分。我們把這種顧客心理要求稱為**需求系統性要求**。

在摩斯的故事中，潛在顧客的生活計劃的缺失環節就是當犯罪危險可能來臨時的應對乏力。如果讓顧客感到自己原來的生活計劃確實不足，顧客就會明白如果不優先解決這一計劃漏洞，那麼像精神需求、方便需求的計劃都顯得沒有意義。

讓顧客感到一種需求計劃在需求系統性要求中要優先解決時，顧客就會馬上拿出錢來購買，這也正是衛生產品市場計劃的關鍵。

行進中的市場

我們先看杜拉克在《管理任務、責任和實踐》一書中舉的一家維護草坪公司的例子。

> 有一家小型的、高度專業化的企業，向郊區住戶供應各種維護草坪的用品，如草籽、肥料、殺蟲劑等。這個企業中的每一個人似乎都「知道」企業的關鍵活動顯然是製造和銷售。但是，當有人第一次問

他們什麼是關鍵活動時，每個人的回答卻是各不相同的：研究美國郊區的消費者如何看待草坪及維護草坪；研究消費者的期望和認為有價值的是什麼；把產品配套，以便代銷商可以遠銷各地而不必再去「推銷」；等等。沒有人對這些感到奇怪——事實上這些全都是「明顯的」關鍵活動。但是，直到那個時候，實際上沒有人不辭辛勞的記下這些明顯的關鍵活動，其結果是沒有人對任一關鍵活動負責。其實，確定關鍵活動只需要很少的時間，而確定每項關鍵活動已列入企業的現有結構之中而且由現有的某個人負責，也並不需要很多時間。從那以後的年代中，該公司取得了迅速的成長和成功。他們把這歸功於確定了企業的關鍵活動並把它們納入管理結構之中。

——節選自《管理任務、責任和實踐》

在這個例子中，杜拉克認為維護草坪公司的成功在於反思了「關鍵活動」，而他認為「關鍵活動」會在人們思考之後全都是「明顯的」，只要有人記錄並對其負責就可以了。

但是，為什麼維護草坪公司的人員或其他公司的人員會對那些「明顯的」「關鍵活動」視而不見？杜拉克對這一問題沒有進一步做出分析。

在我看來，一個公司之所以可以一直在一個區域存在，就是因為其為社會上一部分人群解決了某方面的問題，這些問題在過去是「明顯的」「關鍵活動」。但現在這些「明顯的」「關鍵活動」已經改變了，而公司沒有人員能夠把這些問題提上解決的日程之中。市場人員應當能根據當前顧客的心理，為決策者提供現階段決策的心理分析依據，或者在決策允許的範圍內，把當前顧客的心理需求考慮到市場計劃之中。

在公司計劃部門的研究對象中，設計需求一般來說是明顯的，而市場需求很多時候是隱晦不明的。這需要決策與計劃人員更多注意市場需求遊移不定的經常性變化，這也就是我們常說的

要有敏銳的市場觀察能力。

我們將具有經常性變化特性的市場稱為**行進中的市場**。

例如，現在，我們要做的工作是從顧客消費計劃中找到多數顧客消費計劃中的真正目標——草坪美化，根據這一真正目標分析顧客消費的特點。

也就是說，維護草坪這種服務的目標要與最新琢磨出來的市場目標——美化草坪結合起來，這樣才能與當前顧客的需求一致。

顧客美化草坪的需求可以與我們的需求分類知識結合起來，從需求的分類來說這是一種精神需求。這種需求滿足之後並不會像螺絲刀一樣可以增加自己獲得財富的能力。

這時，如果商家的產品具有草籽個大、飽滿的特點，我們就可以這樣宣傳：漂亮的草籽可以讓孩子們樂於播種，有什麼比培養他們熱愛自然、耐心播種更有意義的家庭活動呢？看到這樣的宣傳，家長們會樂意掏出更多的錢來購買草坪維護用品。

把顧客當前的使用目標與產品本身的特點聯繫在一起，減少無關目標的專案支出，就會得到顧客對產品的認可。

中小公司只要根據市場細分之下的現在顧客具體計劃的特點，研究出與市場需求相應的產品，就可以在小的領域內滿足消費，獲得商機。

上面這家供應各種維護草坪用品的公司，之所以可以取得成功，正是因為瞭解了行進中的市場的特點，把當前市場的需要與公司產品的特點進行了結合，所以這家供應各種維護草坪用品的公司可以在小的領域內滿足消費，占領市場。

公司組織：源頭活水

公司組織部門分為設備部門、人事部門和資源採購部門。

在公司組織中，設備代表過去專案計劃中智慧的沉澱，是執行高效率計劃的資本增值源頭，因此對於公司設備我們應當精打細算以節省成本。

在人事部門中，鼓勵公司員工自發創新就是活力之源。均貧富，簡單的公平理論收效都甚微，而健全的考核與保障制度卻能讓員工穩定工作。

在資源採購部門中，有關採購中存在的回扣問題，可以以專案為源頭進行控制。而資源類公司的組織最好能以資源為源頭為公司創新創造條件。

投資計劃源頭守則──美國農民的投資從 5,000 美元到 50,000 美元

> 管理大師杜拉克講到投入與利潤的關係時說：「今日的會計師或工程師比起他們在農莊上的祖父生活得好，並不是由於他勞動得更辛苦。事實上他勞動得輕鬆得多。他之所以享有較好的生活也並不是因為他人更好。他與他的祖父、他祖父的祖父是同樣的人。他能夠勞動得這樣輕鬆而得到的報酬又這樣高，是由於在他身上以及在他工作上的資本投資比起在他祖父的工作上所花的投資要大得多。1900 年，當祖父輩開始工作時，平均每個美國農民的資本投資最多是五千美元。而現在，為了創造出一個會計師或工程師的工作，社會首先在學校和教育上要花五萬美元的投資和費用。然後，雇主又要為每項工作再投資兩萬五千美元到五萬美元。所有這些使得增加的、更好的工作成為可能的投資都必須來自經濟活動的剩餘，即來自利潤。」
>
> ──節選自《管理任務、責任和實踐》

杜拉克這種認為投資可以使人們過上更好生活的觀點是非常表面的。事實上，賈伯斯、比爾蓋茲所獲得的投資遠遠比不上沙特或蘇丹的王子，但他們獲得了巨大的經濟上的成功。任何公司或個人的成功都是建立在其行動計劃之上的，而對其計劃的金錢投入只是一種資金的組織方式。

　　對於公司或個人來說，我們現在的行動計劃就建立在過去的生產體系之上，或者說建立在前人有效率的生產計劃之上。我們利用過去生產計劃得到的一些現在生產用的計劃原型就是一種傳承，而改造前人的生產計劃，並生產出一些更高價值的東西就是在創新。實際上，社會的各個系統都在不斷進行著這種傳承與創新。

　　至於我們表面上看到的「1900 年，當祖父輩開始工作時，平均每個美國農民的資本投資最多是五千美元。而現在，為了創造出一個會計師或工程師的工作，社會首先在學校和教育上要花五萬美元的投資和費用」，只是我們現有的生產體系執行的計劃更富有效率，而預期會計師或工程師在這個執行計劃體系之中必不可少，因此我們可以提供比過去更多的財富去培養這種人才。

　　所以，這個因果關係是我們需要會計師或工程師這樣的人才，在社會計劃中創造更多價值。因此社會在學校和教育上要花費 50,000 美元，而不是社會有錢了，大膽的花出 50,000 美元，社會自然而然的就會產生更多財富。

　　那就走向了盲目擴張的心態，認為投資必然會導致收益，所以很多採用這種理論的政府大量投資從而資不抵債。

　　而我們管理學要的是在現行計劃中，我們有能力雇用高薪的會計師或工程師時，再促使社會在學校和教育上投入

50,000 美元。

同樣，過去每個美國農民平均的資本投資最多是 5,000 美元，是因為當時美國農民執行的經濟計劃導致的經濟效率只允許投資那麼多。比如說在美國，農民沒有用飛機播種之前，同樣一片地如果只需要一臺拖拉機，那麼再多買一些拖拉機也是浪費。儘管幾十臺拖拉機與飛機的價格相同，但如果沒有使用飛機播種的成熟技術，即使你投資一樣多的錢買幾十臺拖拉機也是提高不了經濟效率的。

結論是，我們之所以生活得比祖輩更好，是因為我們執行的經濟計劃更加有效率，同時我們有更多的投資，而不僅僅是因為我們獲得了更多的投資。

每項投資都不是盲目的，而是要有其精神源頭，我們把投資前的計劃看成投資精神源頭。我們把這個守則稱為**投資計劃源頭守則**。

更多的正常投資是經濟效率高的一種體現，龐大規模的公司只是說明我們的工作計劃需要得到這些財物、人力的支持。

我們說公司的規模龐大時，經常會說其是一個大的組織。之所以組織在我們心目中可以代替公司結構的名稱，是因為組織是公司實體存在的表現。無論是資源、工具還是人員，我們都看得見、摸得著，而決策、計劃只是一種思考行為的體現。

組織體現了決策與計劃的前期準備部分的水準。如果組織混亂或者沒有條理，那麼領導者即使可以鼓勵員工勒緊褲腰帶與公司同甘共苦，也只能在短時期內奏效，長時間沒有財力支持的公司必然難以支撐。

對於小的公司或專案，可以讓部門領導自己去採購，甚至去找幾個兼職的學生來做幫手。但對於大型的生產與專案，集中採購與招聘就可以節省成本。

組織部門的設立本來就是為了更有效的管理以節省成本，因此不能縱容組織部門在計劃之外獨立計劃，那樣的話，會造成組織部門的權利過大。

傳統的組織部門與其在組織中的職能並不一致，更多的是計劃部門的組織設計人員與組織執行部門的聯合體。

以傳統人事部門為例，它既規劃員工的工作時間、工作內容，又從外部招聘員工，以完成自己制定的工作計劃。

人事部門既設計員工工作量，又從外部招聘員工，當然可以使人事計劃與組織的要求較為一致。不過，對於公司的整體計劃部門而言，其總體設計對人員的要求及其變化、人事部門的反應及人員的調動就顯得銜接不上。

從傳承與創新的角度來說，人在公司中的創新作用是最大的。在過去，一些員工除了被安排計劃之內的工作外，還被領導者安排了公司計劃之外的工作，有些工作甚至與公司發展無關。

如果人事部門要做人員調動，可能對這些計劃之外的工作專案產生很大的影響。所以，人事調動總是困難的。為了人事調動，公司高層總是給予人事經理很大的計劃之外的權利。但如果希望公司計劃與專案可以順利完成，就應當把計劃與專案都擺在明面上，讓組織部門對財物的分配按計劃執行，而並非賦予超出決策一計劃之外的權利。

採購部門與設備部門一樣，如果能減少資源與工具的投入，

公司管理層當然很歡迎，但是這些節省需要與整體計劃兼容，以成功的專案例子為保障。

失去決策與計劃制約的組織部門只會自我膨脹失去控制，從而為部門的巨大支出辯解，而不顧高經濟效率系統的建設。

總結一下，不論是我們看到的龐大組織構成，還是巨大的財物投入，都應當以支持計劃的完成為基礎，把計劃作為組織的源頭，遵守投資計劃源頭守則，組織的各種行為才能理順。

計算工具總體成本──萬能扭轉機的高昂維修費

我曾經在一個單位管理一種萬能扭轉機。這種扭轉機是由電腦控制的，可以讓人們直觀的看到材料抗拉強度，並且完成對原料的扭轉變形。

在我接手這種萬能扭轉機的時期，正值這種萬能扭轉機過了保修期沒多久。以前這種萬能扭轉機壞了，打一個電話維修人員就來了。過了保修期之後，維修人員卻報出了天價的更換零件的費用。比如一塊手掌大的簡單電路板報價1萬元，一個傳感器報價0.5萬元。如果不維修，20萬元的機器就不能用了；如果維修，一次就是幾萬元的維修費。於是，單位就讓我對維修的費用進行一次調查。

於是，我多次與萬能扭轉機的生產者──A公司進行溝通，並仔細查看了機器的實際運行情況。發現提供萬能扭轉機的A公司其實只是一家很小的組裝公司，其維修時用的零件很多都是臨時外購的，所以導致其配件的採購成本十分高昂。

我又進一步瞭解了當年採購時幾家公司的報價情況。A公司確實比其他公司的報價要便宜10%，而且產品主要配件都是日本

原裝的，應當說性能優良。並且自稱保證及時維修，所以我所在單位才與他們簽訂了近百萬元的定購合約。

但是現在幾臺機器一次中型的維護費用就差不多用去了 10 萬元。如何處理這樣一個高昂維護費用的問題？首先要看一下公司對於機器的定位，如果公司只是打算在保

修期內使用這些機器，那麼當然是在能及時維修的情況下，越便宜越好。但是在保修期之後、報廢期之前，公司還要使用這些機器的話，就要對這一時期機器可能出現的使用問題做預先防範。一般來說，保修期之後、報廢期之前的時間才是公司最主要的使用機器的時期。現在就是要做出報廢期之前可能更換的昂貴零件的價格列表。一般來說，如果更換的昂貴零件在幾個月內出了問題，生產廠商還是會免費更換的。

但是，一般廠商不會做出一張易損的或昂貴的零件清單，並把零件可保修的時效列在上面。把這些列在一張表格上，那麼對於很多出售機器的公司來說，就會覺得把自己可能的暴利維護費用暴露在陽光之下。

對於採購設備的公司來說這卻是十分重要的，可能比保修期裡列的條件更重要，因為就如前文所說，採購方更長使用的時間不是保修期內，而是保修期之後、報廢期之前。

類似的現象還有很多公司把賺錢留在保修期之後，如必須使用指定的昂貴的潤滑油的機器、指定維修點的高檔汽車、指定墨盒的打印機。

這些現象萬變不離其宗，只要我們按以下公式進行測算，我們就可以知道這家公司的產品是不是我們採購時所需要的。

採購成本的正確計算應包括保修期外的維護成本。可以用下列方法計算：

採購成本 = 標示成本 + 維護成本

維護成本 = 保修期內維護成本 + 保修期外至報廢期內維護成本

保修期內維護成本 =$\sum$ 易損件的正常更換 + 一般維護費用

保修期外至報廢期內維護成本 =$\sum$ 配件壽命 × 配件價格 + 一般維護費用

我們把包含使用期內可能花費的維修、維護成本的工具成本稱為**工具總體成本**。

設備部門所採用的設備往往需長期使用，除非採用與過去相同的設備，一般採用貴重的新設備就需要根據新專案的要求進行考查，因此設備部門的日常工作就是致力於維護與保持設備的持續使用。只有對生產廠商大型設備的主要零件的設計性能有了充分瞭解，才能在設備零件出現問題之前做好準備，並確定工具總體成本，為設備的選擇提供有效的建議。

外部持續靈感刺激法——讓一杯水永遠保持高溫

在我剛組建自己的公司時，有股東問我，如何讓員工工作有主動性。我笑了笑，端起會議室裡的水杯對他說，你知道如何讓水杯裡的水永遠溫熱嗎？

股東疑惑的看看我，說不知道。我於是拿來裝剩茶葉水的水盆，把一壺熱水倒進去，然後把水杯放在水盆裡。對股東說，這樣水杯裡面的水就不會冷了。同時我告訴他，之所以員工會由新參加工作時的積極、主動，到工作數年後的主動性消失，那不過

是因為他認為自己已經熟悉了這份工作，把自己的熱情投入其他感興趣的事情上去了。如果透過外部的刺激能夠讓員工知道：其他公司的員工是怎樣提升工作效率的，那麼員工就會回過頭來認真的反思自己熟悉的這份工作是不是已經做得完美，從而使每個員工都能有不斷主動投入工作的動力。

為什麼其他公司員工的行動是最好的參照呢？

因為其他公司員工也做著與本公司員工相同的事，一旦他們的工作效率高於本公司員工，而本公司員工如果不奮起直追，那麼就意味著公司可能由於員工的懈怠而失去競爭力，這對員工來說在心理上是很難接受的。同時，公司可能因為個別員工在某一時期落後於其他公司而調整他的工作職位，這對於熟悉了這份工作的員工來說也是難以接受的。

當然，現代社會已經不是十四五世紀的小工坊式的生產方式，只要向街對面望一望就可以知道競爭對手的生產情況。高科技時代要想知道世界各地的生產者到底是用怎樣的方式進行生產，更多的是透過參加展覽會、市場調研等方法看到其他公司的最新產品，從而瞭解競爭對手是怎樣在產品的品質、工藝、宣傳方面下功夫，從而提升產品競爭力的。

當員工們看到其他公司的新產品，就可能啟發員工的自發創新思維。如果需要公司支持，可以將問題直接發送到公司董事們的郵箱，讓決策層知道員工們有什麼樣的想法。然後組成專案小組，專案創新有成果之後就可以實施計劃創新。

其他公司員工的努力情況並不是經常可以獲得，許多時候還需要公司內部制度形成的刺激。公司內部制度形成的刺激最簡單的方式就是讓一個職工在眾多職位輪調。員工在一個職位可能沒

有靈感，但在另一個職位的刺激下就可能產生創新的靈感。

例如，一個汽車設計公司的設計汽車外形的員工可以在條件允許的情況下去設計汽車底盤。很多人可能認為這樣做會引起員工的不和，並導致交接不熟悉引起的工作失誤。事實上，所有設計都以初始的專案作為依據，只要認真查看，交接失誤的可能性很小。

同時，多數公司已經在實行輪調制，不過只是在員工不能在某些職位勝任時被動實施。在本書的管理系統中，則認為這種輪調制應主動實施。

當然，沒有充分準備的輪調制確實會引起交接這樣一些問題。

那麼，充分的準備是指哪些方面呢？

其一，在招聘某個職位的人員時就應告訴應聘者，他所在的職位是需要輪調的，輪調不僅可以使員工獲得公司運作中更全面的知識，而且可以為他們以後出任高層的管理及技術職位打下基礎。對於公司來說，也能在員工流失時不至於無人可用。

其二，輪調雖然一般設置在一兩年的時期節點上，但是在一些核心職位或是難以掌握工作內容的職位，仍可以少執行輪調甚至不執行輪調，這樣可以使重要的職位成為人們進步的目標，另外也使公司的核心技術不至於流失。同時對於一些老員工，在已經熟悉了幾個職位之後，可以不再輪調，畢竟他們的學習能力已經大不如從前。

其三，輪調必須在管理者、本職位員工、輪調員工都積極參與的情況下進行。如若有本職位員工實在不願意輪調，可以詢問

具體的原因，如果他確實能在此職位上做出提高經濟效率的自發創新工作來，那麼可以給他考慮更高層的管理或技術職位。

當然，輪調只是對於執行計劃的員工，而對於做專案的員工則沒有必要輪調。過去，之所以輪調制度在公司中很少實施，就是因為很多員工手中有專案，這時輪調就會導致專案的中斷。現在公司使用三階梯創新理論之後，專案小組人員更加專業化，這也就為輪調制度的實施提供了保障。此外，輪調應當在相同部門中類似的工作之間進行。如果輪調的職位變化太大，導致員工要花很多時間學習，就會增加員工的負擔，使員工增加逆反心理。

透過學習外部公司的經驗以及實施公司內部輪調制，可以使員工保持在一種持續的新鮮事物的刺激之中，就有了刺激產生創新的可能性。我們把這種做法稱為**外部持續靈感刺激法**。

採用外部持續靈感刺激法可以讓員工不再只有頭三年的工作主動性，而是長期處在有利於創新的環境之中，為公司的總體創新提供源源不斷的新專案構思。

效果公平論──「均貧富」式的一則遲到處罰規定

我看過一位管理者寫的書，裡面的一個故事讓我感觸很深：公司人力資源部門行政主管制定了一份《員工獎懲制度》。其中，對於犯錯員工的處置，實現了統一的處理標準，比如，「記過」處分，規定「罰款 100 元，扣除當月獎金」。這是表面的公平。

當然書中算了筆帳：「我們來算一筆經濟帳：對員工罰款 100 元，相當於罰了他兩天的薪水；而對主管罰款 100 元，卻只是相當於罰了他一天的薪水。這類經濟處罰，從表面上看，數額相等，尺度一致，好像合情合理。但是，同樣的處罰，當事人雙方

付出的代價卻有著本質上的差異。拿低薪水的員工，你罰他100元，他就要付出幾天的義務勞動；而拿高薪水的員工，也給予同等金額的處罰，他付出的代價就相對小多了，並未收到觸及靈魂的懲處效果。」

如果把這條規則改成「『記過』處分，扣除兩天薪水和當月獎金。」其他類似的條款，也相應修改成不以具體的金額為標準，而是用統一的天數來衡量。不管他每天薪水多少，只扣除相應天數內的報酬，這樣就可以做到一視同仁，問題就解決了。

但這樣真的就公平了嗎？其實則不然。如果扣除高管兩天的薪水只是少喝兩瓶酒，但如果扣除員工兩天的薪水可能其小孩上學的學費就不夠了。這兩天的薪水對高管與員工的威懾效果不可同日而語。

所以，這種實質的公平，還是不公平。

有人問：怎樣才算公平呢？

按員工行為的結果成比例獲得報酬與處罰就是公平。與此同時，在薪水發放上，按計劃工作的員工，執行同一計劃的各部分，應當按完成計劃的量獲得工資報酬。

扣薪水之類的事完全不是人人要參與的好事，並不要每個人都去做的事有什麼公平可講。你偶然扔個菸頭，引起了大火你就倒霉，沒有引起大火你就沒事。自然法則本身就是如此，每個成年人都應當為自己的所作所為負責。

為了不讓員工扔菸頭，我們把懲罰的標準定到什麼程度？那就是要讓你不敢隨便扔菸頭為止。

有人說，這樣不符合普世的價值觀，但自由經濟就是按產品

給付報酬的，公司之中也只能按這種規律辦事。相同的工作成績給予相同的報酬，給公司造成了損失，就應給予相同的處罰，這就符合了經濟規律，這就是公司的公平。

我們把這種按效果評價公平的理論稱為**效果公平論**。

在上面這個例子中，如果一個給公司開門的守門人遲到一小時，能與普通員工遲到一小時同樣扣兩天薪水嗎？明顯不行，因為公司開門人遲到一小時，所有人都進不了門，都要遲到，這個損失就大了。

當然，員工所負的責任也只能是在合約期內規定對等收入的內容，如果超出月薪或年薪的責任，則不能由員工承擔。因為招聘員工進入工作職位就表示公司認可了員工的能力，所以超出員工薪水的責任應當由公司承擔。

不過，有的管理者可能會憂慮：按成果確定獎罰可能帶來一種表面的不穩定。

是的，兩個同時進入公司的員工，如果 A 拿 1,800 元、B 拿 8,100 元，那麼可能 A 員工會跳槽，造成公司不穩定。但是，也許 A 員工可以在其他公司的其他職位上拿 8,100 元，如果你在這個公司讓 A 員工拿 4,000 元，那麼是讓 A 員工在他不擅長的職位上發展。

真正關心員工的成長，在於引導員工做他擅長的事。對於不適合自己公司的員工，也應當推心置腹的告訴他：「親愛的員工，你在這裡的工作能力就值這麼多錢，市區北面有家看上去很適合你的公司，如果你願意，我可以推薦你去。假如你只是把這份工作當成臨時的跳板，我們也很歡迎你暫時在這裡工作，但是薪水就只能是這麼多。」

如果你能真正告訴員工這些，比讓員工貌合神離、心神不安的在你的公司完成工作好得多。因為心神不安的員工說不定哪天就出了安全事故，豈不是害人害己了嗎？

至於穩定的問題，公司的多數員工是在按計劃工作，每年可以獲得多少收入，在簽訂合約時就寫得很清楚，按計劃工作也不可能出現什麼大差錯。員工有什麼理由不努力工作呢？

現在的管理類書籍，寫得最多的就是，你要誠實、公平、有凝聚力、有進取心等。

其實誠實、公平、有凝聚力、有進取心這些做人的基本原則，確實是使人取得成功的必要條件。但是，過分的注重這些道德因素不會讓人們的專業水準獲得提升。

社會既需要道德高尚的人，也需要致力於提高技能的人。並且只要這些人在道德上過得去，在管理上能讓公司的效率提高，那麼公司就應優先錄用。

我們要做的是管理好公司，開公司不是為了平均分配財富，而是應按效果取酬。

當然，公司裡可以給員工以相同的發揮能力的環境與機會。讓員工在公平佔有資源的基礎上，發揮自己的才能，以獲得報酬。前面說的輪調制就可以創造公平施展才華的機會。這就是既給予相同的基本條件，又按效果公平論分配報酬，這就是公平。

公司的財富分配應保證讓有潛力的人最大限度的發揮自己的能力，以這種能力的成就向眾人展示什麼是他應得的，從而激勵更多的人去努力工作。

設計部門的分離式報酬制——華為的標準螺絲現象

筆者在一家通信公司做過技術人員。這家通信公司那時在生產華為的外部設備，如機箱、機櫃等。那時我們公司的技術人員與華為的技術人員關係不錯，所以經常聊起華為設計部門的種種趣事。

當時很流行的一個話題叫作設計的標準化。標準化就是設計的每一個產品零件最好都可以通用，這樣節省了研發成本與管理成本，這當然是一個很好的設計思路。

華為當時為此就有一個專門的體系來衡量設計的產品有沒有更多的利用原有的標準件，這個體系叫作標準化率。

實行標準化率看上去是一個很不錯的想法，但實際操作中很多工程師為了達到這種要求，一味的在產品中增加標準件，而產品中最容易增加的常用標準件就是螺絲。最後華為的一系列產品都存在一種問題，就是可有可無的螺絲全部裝上。

由於這些螺絲的增加，設計師產品的標準化零件數增加了，零件的標準化率也增加了。設計師完成了設計標準化率的指標。

對於華為公司而言，產品的研發、管理成本不但沒有減少反而增加了。

為此，華為只得專門出具了把螺絲從標準化零件考核中除去的文件，但事情還是沒有完。

很多工程師把原來可以拆開幾個零件生產的非標準化件，變成工藝極為複雜的整體件來設計以減少非標準化件。

對於通信設備的非標準化件，大家可能不太瞭解。這裡我舉一個日常生活中的例子來說明。

以一個不銹鋼杯子的設計為例，杯子由兩部分組成：一個是杯身，一個是杯把子。一般來說，我們都是先設計好這兩個零件，再把它們焊接起來，但這樣對於華為的工程師來說就有兩個非標準零件。

這時，工程師為了減少非標準件的數量，就把杯子一次成型，這時候非標準件的數量就減少了，杯子還是那個杯子，但杯子的製作難度增加了許多倍。反而給下游的生產部門帶來了麻煩。

後來據說華為對標準化率的要求也沒那麼嚴格了。

從華為給設計部門制定標準化的要求來看，其中部分設計部門的員工為了達到上級要求，而把產品設計的思路引向不利於公司、顧客的方向。當然，有人會指責員工的素質低，但是公司強行下達的任務使技術人員難以完成，管理上的漏洞也是技術人員投機取巧的原因。

對於技術人員投機取巧的現象，管理者應該如何看待與應對呢？

設計人員不同於體力勞動者。體力勞動者使出的力量與自然力的效果是一致的，所以一般來說可以用自然力衡量。如一個挖煤工人，挖起一鏟煤是可以用重量計算的，我們可以清楚的看到其一天的工作量。但腦力勞動者其大腦內部的工作量無法從物理學的角度去衡量。

這一點，從多數公司對腦力勞動者採用的考核標準就可以看出。主要有兩種類型：

專案型。這種類型是指員工為公司每年完成多少專案，公司

就付給員工多少薪水。如果老闆對專案不滿意,或者員工對老闆不滿意,大家就散伙,但是這樣員工的流動性就太大了。所以,這種類型只適合於小公司。

時間型。這種類型是多數公司對於設計人員的考核方式。技術人員在公司上了多久的班,就算基本考核合格。當然,這是基於公司上級布置的任務基本可以完成,完不成任務就會受到批評。作為腦力勞動者,做得好被人表揚、獎勵還是很有成就感的。所以,他們也是願意動腦筋的。

當然,時間型定酬實際上是按完成的計劃定報酬,員工的主動性肯定不如專案型,但它的穩定性遠超專案型。

對於公司來說,要同時擁有按時間型與專案型獲得報酬的腦力勞動者。

對於完成自發創新、專案創新的員工都給予對應專案完成份額的獎勵。而在他們完成專案工作後,讓他們回到按時間定報酬的方式,可以保障員工的穩定性。

而對於計劃創新的員工,應按時間型來核定報酬,只有這樣才能保障計劃部門員工的穩定性。

我們把計劃人員按兩種不同工作內容取得酬勞的做法稱為**分離式報酬制**。

一旦決策要實施專案,專案組要把自發創新的專案中被認為有效的生產方式最終移植到大規模的組織體系之中。

其中,現有的組織中使用的技術都是已知的,或者有過很多移植的成功案例,而專案創新是經過審核有效才實施的,因此也是可以預期的。從這兩方面來說,計劃部門的領導者對專案的實

施中各種技術應用的工作量是可控的。

以這個可控的工作量為指標,對超額完成工作量的腦力勞動者進行獎勵,對於工作量完成少的腦力勞動者適當調整工作量或者職位。這樣,時間型公司計劃人員也可以依照決策按專案進度完成工作任務。

從華為的標準螺絲現象可以看出,技術人員工作量的核實最重要的還是分清創新與傳承的界線。只有實施分離式報酬制,採取技術人員類似市場銷售人員按業務提成的激勵措施,才能讓技術人員發揮主觀能動性。

幸福經濟平衡原理——賴因計劃新解

瑞典的制度是由一位工會領袖戈斯塔·賴因（Goesta Rekn）於 1950 年代早期制定的。賴因當時認識到,瑞典必須改變工業結構和經濟結構並縮減工藝技術低和生產率低的傳統工業。他同時也認識到,必須給工人以保障。按照瑞典的制度,各產業部門和各公司並不被鼓勵去維持現有的就業人員——這同其他絕大多數西方國家所喜歡採用的制度形成了鮮明的對照。相反,瑞典的制度鼓勵各產業部門和各公司去預計由於技術發展或經濟變革有多少職工可能多餘,同時又要求各產業部門和各公司預計在未來需要增加多少職工以及所需的技術。這些資料都送交賴因委員會。這是一個由政府、雇主和工會三方派人組成的半官方、半私營的組織。然後由賴因委員會為多餘的人員支付其收入,訓練他們,為他們找新的工作並安置他們。如果需要的話,就把這些多餘人員遷移到一個新的地方去,並為他們支付路費。

瑞典的經濟改造在很大程度上應歸功於賴因計劃。直到 1950 年以前瑞典的絕大部分國民還認為自己的國家只是一個未開發的國家。其勞動力的大多數受雇於低生產率和低收入的活動中。二十年以後,瑞典的工藝技術已屬於世界上領先國家之一,而其生活水準則僅次於美國。比起其他國家甚至包括日本來說,它的勞動力中有更大的比例

> 從一種職業改為另一種職業，而很少發生混亂，對變革幾乎沒有什麼反對，職工極為願意接受新技術和學習新事物。
>
> ——節選自《管理任務、責任和實踐》

在新技術推廣的過程中，我們所知的最大障礙就是失業的困擾。這種失業不只是操作人員的失業，還有技術人員與管理人員的失業。這種失業也不只存在於一個公司或者一個行業之中，而是存在於整個社會中，甚至政府公職人員都會因為新技術而失去原有職位，投資者也會無端的因為別人使用新技術而血本無歸。

雖然新技術在每個人一生之中降臨到個人頭上的機會並不多，而降臨之後要改變工作職位的人也並不多，但是面臨失業帶來的威脅比一個凶惡的雇主更可怕。新技術的降臨會沒有選擇的使各類原有職位的人失去工作，不論精明領導者或者受歡迎的老員工，都會因為其他人推廣自己一無所知的東西而失去工作。

失去工作則意味著人生的計劃被打亂。這種打亂甚至比員工因為競爭失敗而被解雇更危險，因為他所在的行業從根本上衰敗了，他的技能不再有用武之地。如果這時員工們上有老下有小，還要償還各種貸款，那麼這時員工真是欲哭無淚了。因此，在一般國家的一般行業之中，只有年輕人可以勉強接受新技術的推廣，而中、老年人是堅決反對的，不是他們不想行業更有活力，而是他們經濟上的計劃不再容得下巨大變化。

一旦一種新技術的推廣可以代替部分原有工作者的工作，導致員工人數減少，那麼這項技術將遭到幾乎所有在職位上安穩舒適工作者的反對，因為這種「厄運」很可能會降臨到他們頭上。讓他們在輿論與道義上接受創新技術帶來的挑戰，就等於讓他們永遠生活在恐懼之中。

也許這種恐懼很多時候是多餘的，但確實讓人坐臥不安。一位瑞典工會領導用了一個很好的比喻來說明這一問題：「請注意，哪一位母親在夏天都擔心她的孩子會得小兒麻痺症。但從統計上看，得小兒麻痺症的孩子很少，比得其他病的要少得多。我們都害怕失業，正好像母親們害怕她們的孩子得小兒麻痺症一樣。這種擔心使我們處於癱瘓狀態。其原因正好像母親們一想到小兒麻痺症就極為驚慌一樣。因為，雖然很少發生，但這些事例卻是不可預料、神祕莫測、帶有災難性的。」

瑞典人在這方面做了很好的嘗試，並取得了巨大成功，這使瑞典人可以接受新技術的推廣，並使這個國家各行業的經濟效率穩步提升，進而成為一個發達國家。

由於失去工作對於一些人來說已經相當於危及生命，所以政府在其中起一定作用並沒有什麼不妥當。不過，一旦由於技術創新而產生的失業人口可以得到穩妥安排，那麼政府就應當退出像賴因委員會這樣的組織。

賴因委員會只是一種很有益的嘗試，這種嘗試在地廣人稀的瑞典成功有著很多偶然的因素，即瑞典有足夠的土地以及資源交給那些因創新失去職位的人員。

按《幸福經濟學》中的理論，食物產品、衛生產品、文化產品、娛樂產品、方便產品都是人們正常需求的產品，其中只有方便產品的生產可以提高人們的工作、生活效率，減少人們的勞力投入。我們所有使用科技提高效率、減少員工勞動的創新都是方便產品的創新。而其他方面的創新，如衛生產品、文化產品、娛樂產品、食物產品的創新都需要投入大量人員。因此，只要能保持方便產品創新與其他產品創新的平衡，使方便產品創新而失業

多餘出來的人員正常的流向其他產品的生產,那麼失業的問題就可以迎刃而解。

我們在前面說過社會中存在著創新與傳承兩大勢力的交鋒,這兩方面的工作都是必要的,也沒有誰對誰錯之分。創新者一般會得到更多的報酬,這也是應該的。創新者們既然獲得了更多金錢,那麼對食物產品、衛生產品、文化產品、娛樂產品的要求也會更高,就需要更好的食物產品、衛生產品、文化產品、娛樂產品來滿足他們。因此,相應的就業機會就多。

由於方便產品與其他四類產品的供應平衡的概念來源於《幸福經濟學》,因此我們把這種供應平衡稱為**幸福經濟平衡原理**。

創新成功的公司高管們退休之後或利用休閒時間可以考慮解決一下社會問題。因為,一方面只有他們有錢需要花,另一方面他們理應在食物產品、衛生產品、文化產品、娛樂產品方面得到更好的改善。光是人們對壽命增加的向往,就會讓衛生產品的需求永無止境,投入多少金錢人們都不會嫌多。而創新者們有大把的金錢,完全可以用來促進失業者重新就業。

世界巨富比爾蓋茲、巴菲特都有把金錢捐入慈善基金的做法,這種慈善之舉並不是最佳的金錢流向,因為它可能會導致社會上部分人專營不勞而獲。真正的善舉應當像賴因計劃一樣,不是單純讓失業者領救濟金,而是提供新的工作職位。

比爾蓋茲、巴菲特都是在自己的領域有重大創新並取得成就的人,但他們在衛生產品上卻沒有享受到重大的福利,像賈伯斯這樣英年早逝與衛生技術的不發達有必然關係。如果能創立基金會,把失業者引入衛生產品的構思及研發、生產之中去,我相信在他們的有生之年都可以享受到更高檔次的衛生產品服務。

當然，在娛樂產品、食物產品、文化產品方面也可以成立類似的基金會。這些基金會可以根據每年失業的人口，創建一些工作職位，以便全民都可以就業。衛生行業的基金會與政府創辦的公立醫院不同，應當由真正對衛生產品重視的人士組成，有更多自由的創新之處。

我們對於工作不努力者的相應措施是減少他們的收入，讓他們難以享受到高檔的食物產品、衛生產品、文化產品、娛樂產品和方便產品，而不是使他們失業。

賴因計劃是一種嘗試，那就是在員工失業後是給他們救濟金，讓他們不勞而獲，還是透過重新安排就業，讓他們找到新工作。賴因計劃在兩者之間做出了選擇，即利用瑞典豐富的資源，讓員工們到新職位就業。這與英國在大航海時代利用美洲殖民地解決失業人口去向，從而取得技術不斷進步，成為世界強國有相似之處。

品德遺產捷徑——杜邦公司和西門子的道德捷徑

很多人把自己成功創業的過程寫成了書，說自己如何厲害，自己如何白手起家。實際上，取得成功的公司絕大多數在初期要依靠家族成員，至少要有婚姻伴侶的支持，事業才能有所成就。在家庭成員中尋找合作夥伴往往在一開始是最便捷的創業路徑，很多人對家族公司的質疑往往是在公司形成規模之後。

家族企業超過一定的規模以後，若想能夠繼續發展，就必須能夠吸收並保持第一流的不屬於家族成員的人才。這裡指的家族成員甚至包括招贅進來的人。（杜邦公司在採用招贅辦法上，甚至比日本人更為成功。雖然杜邦家族招贅進來的人，即同杜邦家

女兒結婚的人,並不改用杜邦的姓氏。)家族企業如果要使自己長久存在下去,最好仔細考慮一下(而且要早一些),需要做些什麼才能使得家族以外的人能夠同「統治家族」一起生活和工作。

> 其規則是相當簡單的——杜邦公司和西門子公司在多年以前都已把這些規則制定出來。在家族成員中,只有那些從其本身的條件來看夠得上擔任高層管理職務的人才能留在企業中。在一個家族企業中的家族成員,不論他的職銜和級別如何,甚至也不論他擔任什麼工作,都擁有一種權威和權力的地位。他作為當權者的兒子、兄弟或姻兄弟,有一條通向最高層的內線。不論他的級別如何,他都屬於高層管理成員。如果他不能以自己的品德和成就贏得作為高層管理成員所應有的尊敬,他就不應該在公司中工作。
>
> ——節選自杜拉克《管理任務、責任和實踐》

杜拉克對家族公司的做法進行了歸納,不過並沒有仔細分析家族公司行為的邏輯合理性。

杜邦公司和西門子公司的辦法簡單明了,就是只把優秀的家族成員留在公司。這樣減少了家族成員在公司之中的人數,不會引起複雜的人際關係。如果是龐大的集團公司,最好讓家族成員去不同子公司。這樣,還可以低成本的完成一些需要更多信任成本的工作,從而降低公司的成本。

事實上,家族公司的「家族」前綴就是以家族聯繫減少運行的成本。因此,家族公司是小公司興起中具有重要作用的一種形式。這是因為家族成員之間一般具有相互的信任與瞭解,在執行一個計劃中,信任可以使控制的成本降低。瞭解可以減少人力資源選擇的成本,優秀的人才要想被公司留住絕對不像有價的工具與資源那樣簡單。

例如,公司一位普通業務員給客戶發一件貴重的貨物,公

司管理者可能會到場指導，因為害怕業務員不能將貴重貨物包裝好，以致不能完整的發到客戶手中。如果這位業務員是你的兒子，那麼你只要叮囑一下就可以了，因為你們之間有充分的瞭解與信任，這樣一件簡單的事可以給你節省一小時的時間。在公司產品的競爭階段，也許一小時的時間就能讓公司的產品比競爭對手更早的推出。

因為信任，所以家族小公司會表現得比較團結。團結主要表現在對待外部競爭上，家族成員在共同的專案上往往會有錢出錢、有力出力。這就降低了推銷決策成本以及獲得各種資源的難度。

家族公司會由於家族關係對一些理念產生共鳴，而且家庭的產生本身就是為了一種傳承。如果這些理念比較先進，會使家族公司可以比由陌生人組成的公司發展得更穩健。

完全的家族公司一般是小公司或者是只有少數由公司總經理親自負責專案的公司。如果一個公司具有龐大的計劃以及有更多的專案，那麼家族成員在進入這些計劃、專案時，就會因為親情的緣故可以不按計劃的進程來實施計劃與專案，這對計劃與專案的危害是巨大的。因為這會使人們爭相與上級搞好關係，特別是那些家族成員。工作既然拖一天可以不受指責，那麼拖兩天的人也只比拖一天的人多拖一天而已，為什麼要受到指責呢？

家族公司一旦想進行多個專案，其難度就會突然加大。

難度加大起因於我們必然選擇一些人做一些大家都看好的專案，而選擇另一些人做一些艱苦而必要的專案。這是對親情的一種挑戰，不可能按親人的親疏遠近來分配工作，再疏遠的家族成員都會認為，我們是一家人，那些艱苦的專案應該由外人來做

才對。甚至會說家族已經創業成功了,家族成員應該坐享其成才對。家族內部一些扯不清楚的小事,如因為一天早上沒有打招呼都會成為執行公司工作計劃時的話題。如果公司內部一旦專注於這種人情關係,而不是依靠完美執行計劃獲得獎勵,那麼整個公司的決策、計劃體系就會解體。

大公司之所以可以長期存在,是因為其有核心計劃可以幫助其子公司或公司新專案高效率運作。決策與制定核心計劃都需要非凡的見識與才能,如果非要把才能普通的家族成員安排在核心計劃的決策與制定位置,那麼就只能使核心計劃缺乏競爭力。

杜邦公司和西門子公司把品德看成與成就相提並論的東西,是因為在公司專案上取得成就是在整個市場上與人競爭,實在太難了。品德這種概念只需要在公司中比較就可以了,對於熟悉公司文化的家族子弟來說,其比較範圍就小得多,所以品德實際上是公司家族高層給後代留下的一條捷徑。

我們把大家族公司的這種進入高層的捷徑稱為**品德遺產捷徑**。

可能有人會認為品德遺產捷徑不公平,但一些大家族嚴謹的家風、一絲不苟處理問題的傳統以及家族榮譽都需要形成一些家族傳承的小氛圍來保護。這些傳承的延續對我們堅定的執行契約精神這樣一些基本的公司理念具有一種象徵意義。

子專案的當地人原則——曼佐尼博士的拒絕

> 在一家以美國為基地的多國公司的整個管理集團中,大家公認,最能幹的人是義大利分公司的經理曼佐尼博士。曼佐尼最初為這家公司所知時,是代表被這家公司買下的一家中等規模的義大利公司所有

主的律師。美國總經理對他的印象很好，所以在幾年以後，當義大利分公司發生麻煩時，就要求他來接管它。曼佐尼接受義大利分公司後迅速的使之成為義大利同業中的領先企業。當歐洲共同市場成立時，他計劃並實現了該公司在整個西歐的擴展，找到合適的企業收購對象和合夥者，為新公司找到管理人員，培訓他們，並使其義大利總部全心全意的經營著該多國公司在歐洲的各家分公司。當該公司的美國總經理年老要退休而需人接替時，人人都想到了曼佐尼。但曼佐尼直截了當的拒絕了。他說：「我的幾個兒子正在上高中，我不願他們移居國外。我的妻子有著年邁的雙親不能離開。而且，坦白的說，我認為在美國中西部的一個小城鎮中並不太舒服，不像羅馬這樣有吸引力。我知道，我能勝任你們要我擔任的職務——而且這項職務很吸引人，遠超過我最大膽的夢想。但是，對我來講，這項職務還是不合適的。」

——節選自《管理任務、責任和實踐》

如何留住跨國公司的人才，傳統的觀點是為各種國籍的管理人員提供均等的機會，但實際上這是不可行的。

對於曼佐尼這樣的本地人來說，離開了東道國的環境，其領導及管理的能力就會大打折扣。因為他們既沒有了熟悉的團隊，又要重新適應母公司的管理環境。

但如果讓曼佐尼這樣能幹的本地人留在當地子公司，在跨國公司中就有這樣一個問題：資質平庸的跨國公司下派人員，管理那些管理能力傑出的人才。

杜拉克又舉了一個例子：「一個大製藥公司（不論它是美國、瑞士、荷蘭、英國或德國的公司）在拉丁美洲一個中等國家（如哥倫比亞）中的分公司的經理，在該國中必然是一個大人物。他所領導的公司可能是該國最大的製藥公司，雇用的人、特別是受過教育的人，可能在該國是最多的。在這樣的國家中，衛生保健是（而且應該是）政界和政府關心的一項重要專案，擔任分公司經理的人最好是一個有相

當地位的人。例如,在這樣的拉丁美洲國家中擔任製藥分公司經理的人,有幾個在進入工業界以前是該國大醫學院校的校長,有幾個做過衛生部長。」

——節選自《管理任務、責任和實踐》

這種管理能力上的不同使跨國公司的下派人員往往在分公司處於劣勢,這種劣勢是天然形成的,即使給他再大的權利也沒用。

在傳統的管理理論中這就陷入了一種死局,一方面我們要招聘東道國公司的優秀人才,另一方面我們下派的管理人員又無法管理這些優秀人才。

不過,如果用本書中大公司的管理方法,我們就可以輕鬆的解決這一問題。

跨國公司是把創新由母國帶往輸出國的,而不是要在輸出國創新出新的專案。

母公司外派的人才只需要掌控母公司的計劃有沒有被認真的執行即可,而在東道國子公司的那些優秀人才可以執行一些與計劃不相衝突的專案。

透過子公司本地管理者的獨立專案,可以使母公司的計劃更加融入當地社會,進一步降低母公司計劃實施的成本,增加收入。

因此,兩者之間並沒有權利使用相交集的地方,各行其是,就不會產生管理及執行上的衝突了。

我們把總公司核心計劃以外的子專案在分公司由當地人才主持的做法稱為**子專案的當地人原則**。

當然，像曼佐尼這樣的人才，如果工作方法確實有獨到之處，可行的辦法就是從母國派出本國培養的優秀團隊到輸出國去培訓，從而掌握一些重要的專案與計劃執行的技巧。既然曼佐尼這樣的本地人無心更高的職位，那麼其配合傳授一些有效的專案與計劃執行的技巧是有可能的。

不要想把公司辦成一個聯合國。對於公司經濟效率問題，跨國公司就只能扮演互通有無的角色。創新專案依靠輸出國的分公司是不長久的，遲早會被輸出國的子公司推翻。如果子公司確實有優秀的人才想獨立創業，在創業之初他們總是需要資金的，這時公司投資成為創業者的股東之一就是不錯的選擇，一樣有可能得到高經濟效率的回報。而不能奢望員工的所謂忠誠，並把公司的利益永遠凌駕於員工利益之上。

認清跨國公司的計劃輸出實質，使用好子專案的當地人原則。當地優秀人才只要有創新專案可做，就會因為有專案運作空間而願意為公司出力了。

跨國公司的專案變現預期法——哪家銀行應得到獎勵

> 紐約銀行在日本的代表開闢了一項業務，為銀行找到了一個新的大主顧，但在其損益表上卻無反應。倫敦分行承擔了全部的工作，但在其帳簿上卻表現為債務。而法蘭克福分行，只是因為有一筆可用的多餘馬克，這筆買賣的全部收益就歸在它名下。傳統的獎金政策大大的獎賞了法蘭克福分行，懲罰了倫敦分行，而對東京分行完全置之不理。

——節選自《管理任務、責任和實踐》

哪家銀行應得到獎勵？杜拉克說，在傳統的管理理論之中，在多國公司經理的薪水報酬問題上，至今找不出一個成功而行得

通的政策。

跨國公司外派員工薪酬如果發放不當，會產生不良後果。對於母公司來說，外派管理人員可能在母公司只是一位中層管理者，但由於外派，其薪水可能高過一些高層管理者。這就會使得一些人感到不滿。而對於子公司來說，如果母公司派來的管理者不能獨立完成一些專案，而薪水高過那些每天忙碌於一些日常專案的本地人，也會引起東道國管理者的不滿。

最極端的例子是被派往歐美工作的日本經理人員。在紐約或杜塞爾多夫的日本經理人員所拿的薪水，如果按美國或德國的標準來看是低薪水，但按日本的標準來看是高薪水。當這位在工作中取得成績的日本經理人員經過五年左右回日本被提升擔任一項高得多的職位時，收入常常必須減少一半或一半以上。

如果跨國公司派來的管理者是為東道國帶來跨國公司計劃的人，他的工作能使跨國公司可以在東道國站穩腳跟，並且按計劃可以盈利，那麼這位外派者就是新專案的實行者，無疑他是應當拿一筆很高的專案補助薪水的。

如果跨國公司已經站穩腳跟，再派到東道國的管理者就屬於計劃的執行者，那麼他就應當拿當地計劃執行管理者的薪水。當然，如果當地的薪水低於母國的薪水水準，那麼這個職位可能就很難招到人。考慮到每個人薪水的一部分是用來做存款與投資的，所以應當把那部分用來存款與投資的薪水按母國的薪水水準來發，其餘部分按當地薪水水準來發。

除此之外，由於外派分公司代表了母公司的形象，這種重要職位還需要設置獎金以吸引優秀的人才。這些獎金一旦離開了東道國工作就不再享有。

另外，就是一些分支新專案按計劃實施的報酬，除了建立跨國公司的專案之外，還有許多專案可能需要一些年限才能實現盈利。這種專案需要對年限與可行性進行評估，以確定這些專案的價值。

按本書的理論，把專案與計劃分開來管理，可以給分公司正在進行的專案予以估價，這種估價可以按專案完成之後，保守的收益年限乘以收益數目進行計算。當然，也有一些專案可能會虧損，這些我們都可以在損益表上估算。這樣，在上面多國商業銀行的例子中，紐約銀行在日本的代表開闢了業務就會受到獎勵。

我們把子專案的未來可能損益計入收益表的做法稱為**專案變現預期法**。

損益表可以用來計算公司經濟效率並反應我們工作的效果，過去我們難以估量員工工作的價值只是我們沒有分清專案與計劃執行的不同之處，也不懂計算時要採用專案變現預期法。在把跨國公司外派員工的計劃工作內容按計劃工作評定計算時，其專案工作內容按專案變現預期法計算清楚之後，對其薪水收入的確定也就水到渠成了。

避免回扣的道德附屬職能——發現採購人員的政治家血統

讓我們先來看看採購人員的工作方式：掌握著大筆錢財的花費大權，像政治家們一樣看守著國庫。掌握大筆錢財而被要求誠實，像政治家們一樣被要求身家清白。

接受著供應商的大量奉承與討好，像政治家們一樣有大量官僚諂媚。

必須面對計劃與生產人員的質疑，像政治家們一樣要面對國

會與民眾的質疑。

面對質疑他們總是要與質疑者們擁有良好的關係，像政治家們一樣要八面玲瓏的面對質疑者。

這麼一比較，我們居然發現：原來採購人員有政治家的血統。

毫無疑問，我們對採購這一職業有著與政治家一樣的高職業操守要求。從這一點來說，採購人員的道德要求是很特殊的。

對於普通員工，只要員工在工作時間內不做違反工作計劃的事，那麼員工就不會有時間形成對其他員工的道德影響，甚至會在工作中養成遵守契約的美德。

對於專案部門的員工，我們需要的是他們的創造能力，只要他們能夠成功的設計出我們需要的產品，那麼我們對這些人道德上的不合乎常識的東西是可以容忍的。畢竟一個人的思想是具有一致性的，想要他在科學文化上具有創新思想，就很難拒絕他們在道德上異想天開。只要在法律允許的範圍內，道德的標準也是隨著社會的進步而改變的。當然，我們的法律與道德絕不是越來越寬容，而是越來越智慧。

本書認為：在公司工作的員工並不需要有多高尚的道德，但是要有基本的道德水準。而作為採購人員，不吃回扣，抵制住額外收入的誘惑是更進一步的道德要求。

我們把道德要求更高的職能工作稱為**道德附屬職能**。

如果讓懂採購專業知識而不具備基本採購道德的人擔任採購工作，無疑是在縱容人犯罪。因為採購這種職能是道德附屬職能，如果不能認清這一點就像選流氓做政治家一樣會造成災難。與其這樣，不如選親戚來擔任採購工作，至於採購方面的知識，

可以透過學習慢慢提升。

對於新成立的小公司來說，要想在人海中找到一個道德令人滿意的採購經理，人力資源成本是非常高的。因此，利用一下身邊的親友資源，是一個非常合乎成本的選擇。正因為具有這種合理性，所以採購工作往往由親戚承擔也成為小公司的現實情況。

在公司具有成熟的計劃之後，再雇用職業採購經理人來管理採購工作，這時大多數的工作都在計劃之內，吃回扣的問題就會很容易被發現。而這時親友則可擔任大型專案的採購任務，繼續為公司的創新出力。

親友們天然就有了道德附屬職能要求的道德因素。就像一個成熟的政治家不會向對手坦白一切一樣，我們對這些親友採購人員不要奢求過多。採購人員就像政治家，我們的社會創新主要並不靠他們，重要的是他們可以在利益誘惑面前守住道德的底線。

資源所有者困局——康寧公司憑什麼發展得好

> 資源行業在十九世紀的工業發展中是領先的行業。從其產量來講——更不用說其資本投資了——它們目前仍在猛烈的增長。但它們的產品已經成為「日用品」，利潤並沒有遠遠大於成本。其原因顯然在於由其技術決定的市場的多元化。
>
> 唯一的例外似乎是石油工業。但石油工業是市場集中的一種工業。石油工業的大部分產品是最終用途極為有限的燃料：海、陸、空發動機所用的汽油和柴油燃料和發電廠所用的燃料。從經濟上說，石油工業是一種同原料供應實現了後向一體化的一種「市場推銷工業」。
>
> 但是，即使在真正的材料工業公司中，也有一些取得了很好的成績。這些公司表明了可以做些什麼以及如何做。
>
> 一個出色的例子可能是美國的一家玻璃製造公司——康寧玻璃公司。該公司的市場包括多個方面，從作為最先進的科學之用的特種

> 玻璃到五金店和超級市場銷售的大眾用的玻璃器皿，還包括電視機的顯像管等。所有這些，全都以一種共同的技術———玻璃製造———為基礎。
>
> 康寧公司在 1971 年的銷售額為六億美元，職工人數為三萬人，雖然同石油、鋼鐵、制銅等材料工業中的巨人比起來只是一家相當小的企業，但在玻璃製造領域中卻是一家很大的公司。而且，從盈利和成長速度來講，遠比絕大多數的材料工業企業快。

——節選自《管理任務、責任和實踐》

資源類公司之所以在過去收益巨大，而在第二次世界大戰之後利潤平平，主要是因為自然界的可用礦藏的歸屬問題。

一旦一個地方發現了稀有的礦藏，那麼就無法拒絕當地人入股，而當地人的親友會來到礦藏進行相關的工作，幾十年後他們也成了當地人。社會力量就會要求重新劃分礦藏的所有權。如果再次分配後利潤率還是很高，那麼所有的當地人會像地主一樣雇用親友甚至勤快的外地人，幾十年後這些親友與外地人將變成本地人，再來重新要求劃分礦藏的權利。直到最後，礦藏需要供養的人太多了，以至於利潤率與普通工作一致。

我們把再豐富、珍貴的資源也會由於所有者自然增加而導致貧瘠的現象稱為**資源所有者困局**。

可以說礦藏經營者的經濟效率與普通公司經營者的經濟效率是一樣的，都是新發現一種礦藏或新發現一種採集技術時，經濟效率是最高的，而以後只能以市場的平均利潤率經營。如南非這樣一些國家雖然擁有大量黃金、鑽石資源，但是由於人口容易膨脹，所以難以致富。而如瑞典、俄羅斯這樣一些北方國家，其人口數量由於氣候原因天然增長緩慢，一旦有了更先進的工具或技術使用其天然資源，很容易變得富有。從某種程度上來說，這些

北方國家有更多資源來實現創新是他們容易變富的原因。

康寧公司以及一些石油公司之所以經濟效率高，不是因為它們公司的多元化，而是因為它們下游公司的技術龍頭企業不斷進行技術革新。現代技術領域最關鍵的鏡頭、光纖、顯示螢幕都需要玻璃，石油更是各種塑料材料不可缺少的原料，以石油為原料的化工廠為了能提供更先進的塑料原料不斷進行著技術改革。這些新技術很多時候是上游高科技公司免費提供給康寧公司以及石油公司的，與之對應的就是康寧公司以及石油公司的高經濟效率。

瞭解資源類公司必須依靠相關行業內公司的技術創新才能獲得高額利潤的事實，可以讓採購部門從兩個方面做工作，從而為公司節省成本，以求突破資源所有者困局。

一方面，讓本公司成為創新型的公司，一旦公司創新成功，就等於為資源公司提供了新的使用渠道。不過，這種創新不是採購部門可以左右的，只能是給其他高科技公司的專案部門與自己所在的資源公司密切合作提供渠道，採購部門起穿針引線的作用。

另一方面，密切關注行業內使用該資源的創新情況，對可能大規模使用資源的情況進行預測，從而在該資源升值之前，進行一定量的儲備。與這種情況相似的狀況是，一些創新使某些資源貶值，從而會使公司使用的資源成本下降，這時要避免簽訂長期合約。

公司領導：水到渠成

領導部門分為生產人員的領導與銷售人員的領導。

由於過去公司管理之中系統理論不完善，如泰勒的科學管理法、X 理論和 Y 理論都存在難以廣泛應用的問題。甚至領導者工作內容不清晰，使管理者不能解決下屬比領導薪水高這樣一些簡單問題。

本書從領導者找準員工心理平臺出發，引導員工瞭解公司設計相較於員工個人想法的優勢，讓員工從心理上認同工作計劃、遵守計劃，以便水到渠成的主動執行計劃，並應用員工自身資訊反饋機制提高員工執行的自我控制能力。

泰勒天花板──泰勒的科學管理法為什麼受到抵制

泰勒是美國著名的管理學家、經濟學家，被後世稱為「科學管理之父」，其代表作為《科學管理原理》。

核心理論：

管理要科學化、標準化；

要倡導精神革命，勞資雙方利益一致。

泰勒對科學管理做了這樣的定義，他說：「諸種要素──不是個別要素的結合，構成了科學管理，它可以概括如下：科學，不是單憑經驗的方法。協調，不是不和別人合作，不是個人主義。最高的產量，取代有限的產量。發揮每個人最高的效率，實現最大的富裕。」這個定義綜合反應了泰勒所表達的科學管理思想。

具體操作上就是對工人操作的每個動作進行科學研究，確定操作規程和動作規範，確定勞動時間定額，完善科學的操作方

法，以提高工作效率。

對工人進行科學的選擇，培訓工人使用標準的操作方法，使工人在職位上成長。

制定科學的工藝流程，使機器、設備、工藝、工具、材料、工作環境盡量標準化。

實行計件薪水，超額勞動，超額報酬。

管理和勞動分離，等等。

從理論上來說，泰勒的管理與勞動分離的理論和本書的決策、計劃與執行分層次的理論相當類似。對工藝、機器、設備、材料的標準化，也與本書的計劃生產相一致。應該說，泰勒的理論在當時是相當先進的，但是泰勒的理論遭到了眾多員工的反對。還受到包括工會組織在內的人們的抗議。例如，一位名叫辛克萊的年輕人寫信給《美國雜誌》主編，指責泰勒「把薪水提高了 61%，而工作量卻提高了 362%」。

為什麼泰勒的理論有利於經濟效率的提高，卻遭到員工的反對呢？

這主要是因為他對人性的理解不夠。

泰勒認為：科學的方法就是找出標準，制定標準，然後按標準辦事。而這一找出和制定標準的工作就由專門的人來負責，因為不論從哪個方面講工人都是不可能完成這一工作的，所以必須把計劃職能和執行職能分開。

但人們在工作時總是希望有所突破與創新。這一點是人的本性，因循守舊、在與大自然的爭鬥中不思考突破的人早就被淘汰了。

一些老技術員工最大的樂趣就在於能在眾人面前表現只有他一個人可以完成的技術絕活。如果剝奪了這些樂趣，那麼基層的員工們就會認為自己的工作已經沒有機會迎來改變的一天。勞動的改進計劃已經被專業設計員工完成，執行計劃的員工永遠只能成為比拚年輕與體力的機器，最大的絕望在於失去希望。

　　泰勒的科學管理原理中設置的員工技術方案從另一方面可以看成員工技術進步的屏障。我們把這種屏障稱為**泰勒天花板**。

　　當泰勒把薪水提高61%時，員工就永遠被定格在了61%，至少在這種體制內遇到泰勒天花板就被禁錮了，員工沒有參與自發創新的機會。而且被技術人員制定超過強度的工作方式，可能是殺雞取卵式的，對員工身體會有危害，而員工對於這些不經專案實驗的工作方式卻沒有發言權。

　　這種結果當然是員工們不能接受的。

　　不過，隨著機器的大規模使用，知識工人的大量出現，員工們可以有更多的知識與時間瞭解機器的使用與運作，從而進行改良與提升，並且跳槽到中小公司去實現自己的創新，員工們對泰勒的科學管理原理不再那麼抵制。但是，在眾多大型公司裡，這種問題還沒有得到根本解決。

　　在本書理論系統的專案部門中，不是只有高學歷者才可以進入專案部門，同樣接受技術嫻熟或有創新精神的員工加入，這樣就可以充分發揮員工們的創新能力，從而讓提升整個部門工作效率的方法為計劃人員與操作員工共同認可，既讓公司與員工共同創造高額利潤，也給了員工本人創新以打破泰勒天花板並實現自我價值的空間。

階段型 X──Y 理論現象──3M 允許員工 15％ 的自由時間

自從第二次世界大戰期間人際關係學派的著作引起了管理人員的注意以來，出現了大量有關激勵和成就、工業心理學和工業社會學、工作中的人際關係和勞動者的滿足等方面的書籍、論文和研究。事實上，有關對勞動者和勞動進行管理的文獻至少在數量上超過了其他管理領域，包括管理科學和電子計算機的文獻。

這些書籍中最廣泛的被閱讀和引用的也許是道格拉斯·麥格雷戈（DouglasMcGregor）的《企業的人事方面》一書及其提出的 X 理論和 Y 理論。麥格雷戈本人並沒有從事原始的研究工作。他自己在書中也坦率的承認了這一點，指出他並沒有提出什麼新思想，只是把別人的思想加以歸納。但是，他的書受到這樣廣泛的注意，也是完全應該的。麥格雷戈有力的表明了在對勞動者和勞動的管理上，存在著不同的基本選擇。他所提出的 X 理論是指對勞動者和勞動的傳統態度，把人看成是懶惰的，不愛工作並想逃避工作，必須用胡蘿蔔和大棒二者去加以驅策。它認為絕大多數人不能自己承擔責任而必須由別人來照看。相反，Y 理論則認為人有一種心理上要工作的需要，並想要取得成就和承擔責任。X 理論認為人是不成熟的，Y 理論則基本上認為人是想要成為成熟的人。

麥格雷戈把這兩種理論作為可加以選擇的，似乎他是無所偏袒的。但是，任何讀者都不會懷疑，或不可能懷疑，麥格雷戈是全心全意的擁護 Y 理論的。

──節選自《管理任務、責任和實踐》

X 理論和 Y 理論之所以影響這麼大，是因為它提出了一整套對員工心理計劃的看法以及面對員工心理計劃的解決方案。

這一點與事實比較接近，員工在接受工作之時就有自己的心理計劃，比如：有的員工想要安安穩穩的工作一輩子；有的員工其實心裡喜歡唱歌娛樂，工作只是提供一份穩定的收入；有的員工僅把工作當作跳槽的踏板。這些心理計劃都是員工日後工作的

一個出發點。但是很遺憾的是，絕大多數管理者只看到要實現公司的計劃與目標，卻忽視了員工心中的計劃與目標。

X 理論和 Y 理論中想像的員工心理計劃都很簡單，可以說是一個從人性出發的雛形，那就是員工想主動把事情做好，還是要透過外界強力的刺激把事情做好。

實際上這種劃分法有誤，比如說一般員工剛加入公司工作時，是有著想把工作做好的打算的，因為如果他做不好這份工作，就沒有理由留在公司，不用公司解雇，員工自己也會不好意思。這時員工適用於 Y 理論。

但時間長了，員工已經完全適應這份工作了，卻發現這個公司根本沒有發展前途，這時員工就會覺得我再努力工作都不可能受到重視，並且由於要創新就一定要打破常規，還可能受到公司管理層的打壓，那麼員工就會消極工作。這時再想要員工主動去工作就困難了。如果公司還想要員工加班額外完成一些工作，那麼員工就會提出一些要求。這時員工就適用於 X 理論。

有時甚至可以把員工在公司的任職時間與表現分為入職期、上升期、懈怠期、離職期。

入職期是最富熱情的，什麼都想學一下。

上升期是向著自己目標的職位努力的時期。

懈怠期就是員工升職無望，只能得過且過、應付每天的工作的時期。

離職期就是等離職或退休了。

這種劃分法雖然不是很科學，但也體現了員工的一種心理過程。那就是員工們總是會在心理計劃失敗之後，進入一種只能

靠利益驅動的懈怠期。而心理計劃的嘗試與失敗都是有一個過程的，這個過程包括入職期、上升期、懈怠期和離職期。

我們把這種因為在職時間段不同而分別適用於 X 理論與 Y 理論的現象稱為**階段型 X—Y 理論現象**。

其實員工的心理計劃之中，最希望的不是一種職務，而是做出成績。員工的心理計劃之中，一開始是希望學習本職位的一些基本知識，然後透過自己的聰明才智把自己職務的工作計劃執行得更完美，從而實現自己的價值，得到大家的認可，最好還能獲得職務提升。

如果員工的自發創新不能實踐，那麼他就很容易進入懈怠期。特別是知識型員工，他們更加需要公司對其創新的支持與認可。

前面我們說過，知識型員工只要把自己掌握的一些知識與公司計劃內的知識結合運用，就可以滿足普通設計的需要，如果知識型員工對一些知識有獨到的見解再加上在公司掌握的計劃內的知識就可能碰撞出創新的火花。這種創新並不以人的意志為轉移，一旦某位知識型員工有自發創新的見解與想法就需要公司給予支持，有時甚至願意理解知識型員工的創新都會讓他們對公司充滿感激。

3M 公司在這方面就做得很好。

> 3M 公司於 1902 年誕生於明尼蘇達的蘇必利爾湖畔，最初是從事採礦業的。為了和同行競爭，3M 公司的老闆鼓勵工人們發明創造新產品，並成立了研發部門，而那些新產品不斷取代現有產品，成為公司新的核心業務，使得公司不斷成功轉型。3M 公司至今最富傳奇的故事就是思高膠帶的發明。

發明膠帶的是 3M 公司的一位小人物——查德·卓爾。1923 年的一天，技術員卓爾到一家汽車噴漆廠去辦事。當時美國流行雙色汽車，但是噴漆很麻煩。當時的工藝很落後，汽車廠的工人先在車上噴上一種漆，然後用膠將舊報紙糊到車上，擋住不需要噴漆的地方，再噴上第二種漆。用膠水糊報紙的方法很難控制品質，膠用少了黏不住報紙，第二種漆噴不整齊；膠水用多了，不僅擦不乾淨，還會破壞車身的美觀。卓爾無意間聽到工人們的這些抱怨，於是他有心發明一種既能牢牢貼在兩種顏色接頭處，又能很容易撕下來的膠帶。

卓爾回公司後私下裡就研究起膠帶來了，老闆看到他「不務正業」也沒説什麼，讓他按自己的想法去做。很快，卓爾就發明了一種不乾膠帶，取名為 Scotch，原意是惡搞他的蘇格蘭（Scotchland）老闆，想不到這種膠帶和它的名字從此在全世界流行。以後，膠帶成了 3M 公司的主要業務，並且研製出了各種各樣適用於不同場合的膠帶。不要小看了這些小小的膠帶，它的市場直到 2000 年以前竟然比整個半導體行業的市場還大，而 3M 公司一度控制著全球四成的膠帶市場。

3M 公司至今發明了 6 萬種大大小小的產品，全世界有一半的人每天直接或者間接的接觸 3M 公司的產品。該公司營業額中有 1/3 來自近 5 年的發明，其中相當大的一部分是員工利用工作時間從事非工作性質的研究搞出來的。3M 公司允許員工用 15% 的時間做任何自己喜歡做的事，後來這個做法被 Google 學去了，變成了 Google 的「20% 專案」。2008 年，在最具有創新力的公司排行中，3M 公司的排名竟在 Google 和蘋果這些以創新而聞名的公司前面。

——節選自吳軍《浪潮之巔》

從 3M 公司的例子，我們可以看出，公司有時並不需要特意建立許多小的專案小組，員工們自己會在工作計劃之外的時間來做一些創新，這些創新之中的員工是充滿工作熱情的，無須報酬的加班加點，完全符合 Y 理論理解的員工狀態。對於一般公司來説，我們只要允許員工利用公司的一些設備去做這些事情，員工就會很感激了，畢竟如果員工離職去自己創業的話，買設備、租

場地的成本會很高的。

有人可能會說,員工如果自己搞專案會不會對公司的工作造成影響。

實際上完全沒有必要擔心,沒有員工會傻到去搞明知不會成功的專案。員工在有自己的盼頭之後,會特別感激對眼前能給自己支持的公司,因為失去工作就等於失去了繼續研究這個專案的經濟支持,這對於充滿幹勁的員工來說可是一個天大的打擊。所以,員工們不但不會懈怠手中的工作,反而會反覆檢討自己手中的工作計劃,生怕出現什麼紕漏。

當然,對於一些技術非常成熟的行業,我們並不需要像3M公司允許員工用15%的時間做任何自己喜歡做的事,只要允許員工在週末或晚上使用公司的設備就可以了,甚至在一些工具複雜的行業,在員工工作數年之後才允許其使用公司設備做一些實驗也是完全合理的。

允許員工在本職職位上自發創新,會使每個職位都具有專案部門一樣的吸引力,也會讓許多員工主動的形成進取的心理計劃,從而為公司廣泛的創新打下基礎。

正如本書開頭所言傳承與創新是人類最主要的系統性工作,能充分認識、支持員工這兩類工作中的心理計劃,就能減少階段型X—Y理論現象對員工的影響,進而使員工隨時充滿活力。

領導者必要三素質

現代不少校長想將學校塑造成貴族學校,而家長也希望自己的孩子成為貴族。而真正的貴族上的學校,如英國貴族們所上的學校基本上就是準軍事化的,吃住非常一般,而且還得接受長期

的訓練，完全不是現在標榜「貴族學校」的高收費行徑。

英國著名的貴族學校伊頓公學，在第一次世界大戰時有5,619個伊頓人參加，其中犧牲的有1,157人、獲得維多利亞十字勛章的有13人。從伊頓公學畢業的男子在沙場上的戰死率約為20.6%，而第一次世界大戰普通英國男子在沙場上的戰死率約為11%，其騎士精神可見一斑。

貴族代表的不是金錢方面的暴富，而是在民眾危難之際勇於上戰場的人。貴族精神可以說集中了我們傳統認識中對領導者能力的各種要求，這與傳統文化對領導者全面的要求大不相同。傳統領導者被要求做許多工作，這是由於過去管理職能不明確，但在職能齊全的公司這些工作都應當由其他部門來執行。

傳統領導者有傳授員工的責任，但實際上這種職能應當是人事部門統一傳授的，這一點在很早以前的軍隊中就有實施。如《水滸》中的林沖就是八十萬禁軍教頭，他只負責教授槍法，並不帶兵打仗，也就是說林沖不是八十萬禁軍的領導者。這樣有一個好處：傳授的東西是統一的，按計劃執行的。

當然，如果領導者本身技術超群，那麼他可以向組織部門申請兼職做部門員工的傳授者，這就是能者多勞了。但在更多情況下，領導者是帶領員工適應當前的工作環境，關於適應方法，計劃上並不會明確寫出，領導者也有可能沒有刻意的教，員工學習領導者的樣子就應該可以適應工作環境，並和領導者一樣認真執行公司的計劃。

此外，就是控制。

我年輕時在南方一些城市工作過，那時工人們找一個好工廠工作也不容易。一些薪水計件生產小組中，小組的領導就是

面容冷峻的中年婦女。她們基本上脫離了生產，在員工工作臺附近來回走動，巡查員工的生產情況。這些員工生產產品的手法很簡單，基本一學就會，不需要什麼傳授與引導，如縫紉衣服的袖口等。這些領導是懶得幫助員工發現問題、共同解決問題的。她們往往上來就是大聲斥責，員工如果不夠聰明，不能自己解決問題，那麼就會失去工作機會。

隨著國內市場化的推進，越來越多的工廠在國內出現，工人與工廠在國內達到了一定的平衡，有時甚至出現了「不到人」的問題。這時工廠小組長們就由控制轉向引導員工做得更好。員工生產品質的控制也由斥責轉向幫助糾正。

控制職能在本書中很明顯的劃歸了質檢部門，質檢部門手中有專門檢驗的圖紙與工具，而且對各個職位的工作做著專業的檢查，所以控制的效果比那些靠大聲斥責的領導者好得多，也專業得多。過去把控制職能交給領導者，那是因為人們對設計與圖紙的控制功能知之甚少，而是求助於經驗豐富的實踐者。而領導者無疑是工作實踐經驗豐富的人。

小的公司或專案部門，依靠人事部門來核查員工執行計劃的情況是高成本的，因為這時員工的工作計劃並不完善，更不要說按計劃去控制工作任務，所以領導者往往就是控制者。

對於有完善計劃的工作職位來說，領導者只有瞭解與建議的權利與責任。當整體工作計劃出現問題時，能夠及時與人事或質檢部門聯繫，告訴他們哪些員工的職位出現了問題。員工有權利學習領導者的工作方法，同時領導者也有權利考查員工的工作情況。

參照在戰場上身先士卒的貴族，我們可以看出，領導者需要

的能力主要有三點。

第一點：心理影響力。

領導要具有心理影響力，這種影響力是讓員工接受工作計劃並認真的去執行。

員工從人事部門瞭解的工作計劃是文字的、簡單的。要想讓員工確實瞭解自己的工作內容，就需要一個樣板，這就是領導者。

領導者應當以實際的行為解釋計劃的內容，告訴員工應當如何工作。

領導者的心理影響力是一種心理溝通能力。工作計劃是外來的，不會主動生成在員工的思維中。這時就需要一種心靈的引導，讓員工能更準確的執行工作計劃。

第二點：計劃執行力。

領導者自己要對自己領導的群體的總體計劃有充分的認識，至少可以獨立的完成各個直接下屬的工作，並身先士卒成為榜樣，才能作為計劃執行部門的領導者。這一點與第一點相輔相成。要想與員工在工作上溝通得好，就要理解員工的工作，而理解員工工作的最好辦法就是自己去做，並能做得好。

當然，這是對工作方法固定的計劃執行部門的領導者來說的，而對專案部門領導者，則沒有這種要求。因為專案領導者與決策者相似，主要是靠給員工帶來紅利，並自然的產生工作向心力。

第三點：危機處理的能力。

對於偶然發生的一些情況具有危機處理的能力，對經常發生的不正常情況則應當做好總結，向部門管理者彙報。

領導者是執行一小部分計劃的負責人，不但要將計劃傳達給員工，還要能發現員工執行計劃的問題並及時向管理部門彙報。如果是大型部門，則需要向上級管理人員彙報。

我們把領導者的這三項主要能力稱為**領導者必要三素質**。

總結一下，領導者作為計劃執行的主持者，是從正面引導員工執行計劃，並有一定的隨機應變能力來處理突發問題。而控制者如質檢人員，則是從側面印證監督計劃的執行。

軍隊的軍銜制度與公司的頭銜制度——公司下屬比領導薪水高怎麼辦

專業人員和管理人員的頭銜授予、報酬分配一直困擾著很多管理者，甚至有些人認為這根本難以解決。

在企業發展中，會補充一些新生力量，因外聘人員成本較高，有些跟隨公司打拚多年的人，其薪水卻比新招進的人低，而這幫元老，一般在公司也是身居要位，卻突然發現自己替公司打拚多年，得到的待遇還不如剛進來的部屬。

有位公司中層人士說：「我也親身經歷過這種情況，很鬱悶，很不合理。外招過來的人做同樣的事但薪水卻是我的兩倍，做了一個月做不下去走人了，工作全部由我接手，我的薪水還是和以前一樣，沒有增加。所以，有時候我覺得老闆的心態有問題，他們主要認為你是老員工，不計較這些，也認為你好像非要在他公司上班不可，有時心情還真是鬱悶。」

其實遇到這種情況，往往是公司老闆原來是想要讓新人做一個創新專案的，由於創新專案人才難招，所以給新人的薪水就高。但創新專案沒做成，新人只好離職了，工作還得由老員工繼續按計劃接手，當然老員工接手後只能拿與原來一樣的薪水。

傳統的組織中只有晉升為領導者才能獲得更多的報酬與更高的頭銜，這與傳統公司依靠較單一的專案創立公司時的管理模式是分不開的。在公司初創時，管理者就是領導者，而且管理者必須是計劃與領導才幹都出眾，公司才能發展起來，因此這時領導者獲得高收入與管理的高頭銜都是可以接受的。

在部門劃分更細緻的公司中，這樣做就顯得不合適了。專業人員從事專業的設計、市場甚至銷售、生產這些工作時，都會產生巨大的專案效應。

專案效應就是專業人員可以透過專案而不是執行計劃為公司創造出巨大的價值，這些價值是執行管理計劃的管理人員所不能創造的。

軍隊最先使用這種級別與職能分開的制度。少校是軍銜的級別，一個少校可能是一名營長，這是管理者的職務，也可能是研究員，這是專業職務。軍隊中的軍銜授予五角大樓中的研究員這種專業人員，享受管理者的待遇與福利。而且它可以為軍隊儲備大量的預備幹部。在軍隊中如果有管理者或者專業人員陣亡的時候，就可以有大量的同樣軍銜的人員馬上接手工作。

而我們在公司中卻很少可以看到類似的制度，很多公司一旦有高層離職，就會導致大量的工作在新人上任時接不上手，因為新人沒有從事過相關的工作。同樣的，在有新專案需要人才特別是專業人員時，也很難調來專業人員，因為這時很少有人可以接

手專業人員的工作。

我們把參照軍銜制度在公司建立的級別與職能分開的制度稱為**頭銜制度**。

因此,輪調制度與職位頭銜的設計對致力於創新的公司是十分必要的。

設計者每三四年可以到其他設計部門或者設計零件處兼任一定的職務。

如果某職員剛來時是設計筆芯的,其職稱可以是筆芯設計工程師,過幾年當他能同時設計筆芯與筆杆時升級為設計能手,再過幾年當他可以設計整支筆時升級為設計專家,然後當他可以設計精品時就升級為設計大師等。

與此同時,可以在筆杆設計職位上設置設計工程師、設計能手、設計專家、設計大師等職位。這樣,既實現了專業人員以一個職位為主,又使其設計慢慢融會貫通,不會設計出與整體不相配的零件。

有了這樣一個階梯,不斷培養熟練的設計人員就有了一個保障,設計人員也不會因為每天做同樣一項工作,而失去了專業化設計人員的晉升之路。

對於公司來說,可以使公司有大量的儲備人才,一旦員工離職或安排做其他重要專案,那麼空下來的職位就可以馬上有人接上。這種接替可以從最熟悉的空下職位的同頭銜員工中調任,由此留下的空閒職位的接任新員工就不怕沒人培訓了。當然,這種接替只是一種理論的狀態,如果公司內的員工可以改變計劃自己兼任多個職位,或者從外面直接調來員工,都是最簡單的辦法。

但這種方法可用來作為參考。這種參考就是頭銜與職能分開設立可以給公司帶來更靈活的人才儲備機制，從而為公司完成專案與克服危機出力。

有人可能認為，公司並不像軍隊有財政的支持，可以養那麼多高軍銜的儲備人才。事實確實如此，建立頭銜制度是花錢的事。但是，如果公司想要在做大以後還能持續創新，這又是一種必不可少的制度。公司應當從初創的專案中賺取的利潤裡留下建立專業頭銜制度的經費。而一旦公司有新專案需要專業人員時，就可以立刻調用有能力的專業人才，這時就等於為公司節省了一大筆從外界聘請專業人才的經費，而當新專案成功之後，專案收益的一部分也應當用來補充頭銜制所支出的費用。

此外，如果軍隊永遠不打仗，那麼各國的軍隊絕對不需要那麼多高軍銜的軍官，並讓軍官們不帶兵而成天在國內做研究。公司的頭銜制度也一樣，如果沒有創新與離職，頭銜制確實可有可無，但對於一個正常運作的中、大型公司來說，這又是基本不可能的。

有專案能力、專案頭銜但沒有很好的完成過專案的人才，或者是公司引進一些外來人才目標就是做專案的，如果有把握的話，預支一部分薪水也在情理之中。可以比普通員工的薪水稍高，但應在其領導者的薪水之下。一旦完成專案，公司就可以名正言順的讓下屬的薪水高於領導者的薪水。這時不論是領導者還是有能力的專案能手都對其薪水不會有異議了。

員工心理平臺理論——領導與員工溝通技巧

作為領導者，我們在與員工做心理溝通之前，要先瞭解員工

的內心計劃。

有人說，這個還不簡單，只要找員工開個會談談心裡話就可以了，但實際並非如此。

當老師提問時，他們總是喜歡學生回答他們傳授的東西。也就是說，學生們在遇到問題時第一反應不是說出自己的心裡話，而是說出權威們說過的或者暗示過自己的話。這種情況在公司裡也同樣存在。

因此，即使被點名，員工們很可能一開始就找一些領導者說過的話來搪塞。

就如我們把設計看成一種流程一樣，把心理接受看成一種流程，我們就更能理解心理接受的時間過程。

當我們第一次沒有得到員工的積極回應時，我們不要氣餒。即使要讓一個朋友說出心裡話有時也是困難的，何況員工面對的是領導呢？

因此，我們要掌握一些基本的心理溝通技巧。

（一）進入發言者的語言場景

進入發言者的語言場景，就是當員工發言時我們能想像出員工所說的東西，比如員工說他從工作位置到洗手間要走很久，這時領導者應當想像自己在一段很長的去洗手間的路上，甚至產生了長時間走路的疲憊。那麼，領導就會對員工說：「哦，上帝，我真想把洗手間安置在這麼遠的人臭罵一頓。」這類話自然會引起員工的附和，也只有這時，員工才會感受到你已經與他產生共鳴，更有興趣把他要說的話講下去。

（二）發現心理平臺

很多領導者雖然對員工的問題感到同情，但是他們總是找不到員工要講的內容的關鍵。

例如，在員工大肆談論了別的工作小組的工作環境之後，又談到了自己幾年沒漲薪水，接著又談最近晚上加班很多、很累。總之很零碎，看上去沒有主題。這個時候就需要領導者具有一定的心理學知識了。

每個人在做一件事情前，都會把自己放在一個心理平臺上。這個心理平臺就是自己接受這份工作時，公司人事部門列出的一些條件，如果這些條件對自己不利就會覺得難以接受。員工的心理平臺就是員工本身的思維繫統，其中與工作有關的主要是與自己的經濟效率相關的內容。這些內容往往是一些事情影響到其經濟效率，如前面所說的洗手間被安置得太遠，這會讓員工在工作中去洗手間要花費更多時間，實際是他們為工作付出了更多，相對來說經濟效率就降低了。

領導者要能敏銳的發現哪些事情讓員工付出更多。

我們把從理論上理解與工作有關的員工心理平臺中原先計劃被改變的內容稱為**員工心理平臺理論**。

進入發言者的語言場景也是為了理解員工心理平臺，員工在簡短的說一些瑣碎的小事時，內心往往是在說：「哦，雖然是一點小事，但我不明白這些條件為什麼不如以前。」這時，員工其實已經把最重要的且需要解決的事情告訴了你。

那就是員工害怕公司的工作計劃向越來越不利於員工的方向發展，員工們需要領導者做出保證，那就是這種變壞的趨勢僅僅只是考慮不周的失誤，不會再三出現，而員工原有的工作平臺一如既往的可靠。如果員工得不到保證，那麼他們就會無心工作，

甚至因為害怕而跳槽到其他公司。

(三) 與對方深入的探討關鍵問題的流程

員工們往往會急切的告訴你問題現在是怎樣的，當你發現員工心理平臺變動之後，這並不是溝通的結束。你應當告訴員工公司計劃或者專案之所以與過去不同，是因為什麼原因。其中，可能有新同事的不適應，有對分配方案的不滿，有對工作計劃改變的不適應，等等。領導者對這些問題可以從執行傳承計劃應獲得的收益和參與創新專案應獲得的收益分開來與員工一一分析。最終讓員工認同公司根據經濟效率產出制定的分配方案。

當然，如果是員工在工作中發現的問題，或者說員工在工作中發現執行的計劃與實際操作有偏差，如發現要安裝的螺栓比計劃要求的短了，安裝不穩，這時就應當馬上向上級反應，然後與組織、設計部門溝通。

工人獨立專案的設計缺陷——飛機引擎工廠大幅提高產量

先看一個杜拉克先生舉的例子。

> 例子之一：是一家很大的飛機引擎工廠。按當時的標準來看，該廠的產品極為複雜。然而每一個小組都裝配一整只引擎——這是一件比任何汽車都要複雜得多的產品。每一小組組織的作業都有微小的區別，由不同的人在不同的時間進行不同的操作。但每一小組都著手研究基礎工作。每一小組也都進行持續學習。每一小組每週同領班和工程技術人員會晤幾次，討論如何改進工作和作業。每一小組的產量都大大超過工程師提出的標準。
>
> 我們在第二次世界大戰中的這些經驗——所有的主要工業國家都有類似的經驗——又被我們忘掉了。那些經驗似乎只是一種臨時應急措施，而不是根本解決辦法。現在，我們又在重新發掘這些原則。無論哪裡，只要試行過這些原則，都取得了同樣的成果。

——節選自《管理任務、責任和實踐》

《管理任務、責任和實踐》中的例子提到了由工人組成小組來促進工作改進，實際是由工人獨立進行的專案改進。我們把這種專案稱為**工人獨立專案**。

這種利用工人獨立專案來改進生產方式的做法沒有在第二次世界大戰後推廣其實是有必然性的。

我對操作執行計劃的員工狀況是有一定瞭解的，他們一般無法制定出詳細有效的工作計劃，讓別人可以直接運用，從而只有執行別人制定的計劃。如果執行者自己制定計劃，那麼他們製造的產品將是粗糙的。這就如蘇聯當年製造的產品，粗大笨重，不適合民用。這裡不得不說，這還是與當年很多蘇聯官員心懷共產主義夢想，發動工人們真正改進工作和作業之後的結果。

不可否認的是，每一小組每週同領班和工程技術人員會晤幾次，可以大大增加員工們的創新熱情，讓員工們感到自己存在的價值與意義，從而增加每一小組的產量。但是，這種創新是在顧客的需求方向不明顯的情況下實現的。

我們可以明白無誤的說，如果飛機駕駛員可以選擇飛行更快、作戰能力更強的專業飛機時，那麼他們就不會選擇工人小組們增加產量的努力。

換一個例子說，如果我們可以得到一部 iPhone 7，那麼就絕不會接受蘋果以同樣的價格賣給我們四部 iPhone 4。我們在戰爭時代可以透過工人們的探討提高產量，但是很難透過系統改進提高產品性能。產品性能的改進可能導致一部分零件不再需要，從而使一部分工人失去職位。

第二次世界大戰後，由於顧客不斷要求對產品性能進行改進，使主要依靠工人來改進技術變得不現實。

最後還是要依靠工人們加入專案部門的小組中，才能綜合各部門的計劃設計能力，加上員工們的實踐經驗，把公司的創新專案真正融入整體生產計劃中去。

這種改進很可能會導致本人的工作職位需要工作的時間減少，如果這種建議可以推廣到其他職位，在公司中會使這部分員工很多時候無所事事。

面對這種情況，如果員工的改進計劃與其他人的工作計劃不衝突，而可以提高工作效率，領導者應當發現並向公司推薦這些專案。公司一旦採納這些專案，應當鼓勵這種改進，並且拿出一部分因效率提高而產生的利潤，長期的獎勵這些員工。至於這些員工這種具有創造性能力的才能也不能浪費，而是應當多給他選擇重要職位的機會。而其他職位因此減少工作量的員工應該補上工作量。

只有這樣，員工自發針對本職位的創新才會更多。當然，在員工自發創新沒有得到批准之前是不允許實施的，因為這很可能影響其他職位的工作進程，使員工獨立進行的創新專案對整體的計劃產生不良影響。

公司之所以在各種經濟單位中脫穎而出，成為現代經濟單位的主體，是因為它把決策、計劃這類思維工作與組織、執行這類操作工作結合在了一起。在公司的基層創新專案單元之中，也應當把操作員工與思維員工的想法結合在一起，提出更有效的創新方案。

交流促進工作法——日本人的「持續訓練」機制

日本人有一種叫作「持續訓練」的機制，杜拉克就在《管理任務、責任和實驗》一書中解釋了這種工作方法。

> 使勞動者對工作和工具負起責任來的是日本人叫作「持續訓練」的一種機制。每一職工，常常包括高層經理在內，直到退休以前都一直把訓練作為他的工作的一個正常的部分。每週的訓練會作為一種正常的部分安排在一個人的工作日程中。這種訓練通常不是由一位教師來進行，而是由職工自己及他們的上級來進行。工業工程師這樣的技術人員可能會參加這種訓練會，但並不領導這種會議，而只是提供幫助、建議———而且自己也學習。
>
> 這種訓練會並不把注意力集中於某一種具體技術。參加這種訓練會的有某一工作級別上的所有人員，並把注意力放在該單位內的所有工作上。工廠電氣工人參加的訓練會，參加的人還有同一工廠中的機器操作人員、安裝和維修機器人員、揮動掃把的清潔工——以及他們所有的上級。這種訓練會的注意中心是工廠的工作，而不是某個人的工作。

我們可以看到，日本人的持續訓練不僅僅是員工們自己的行為，而且還有他們的上級、制定工作計劃的設計人員，這可以使員工們直接得到發布設計工作指令的設計者的指導，而不是只限於直接上級。

幫助員工完美的執行工作計劃這一點，在華人公司很少看到會這樣做。我過去開服裝外貿公司時就有明顯的感受，眾人都信奉「教會徒弟，餓死師傅」。各個生產廠家的產品完全控制在那些相互不交流的員工手上，他們很少把技術要訣與同伴共享與交流。

但是日本公司就不是這樣，我猜想可能是日本人借鑑了武士們相互交流與切磋刀技的方法，他們更加願意一起交流彼此在

工作中執行計劃的體會，並把一些方法很大度的拿出來讓其他同事觀摩。

員工從領導者手中拿到工作執行計劃之後，只是得到了執行工作的計劃文書，而不是自己動手執行工作的能力。如果要真正的完善這種執行能力，領導者可以進行提示與幫助，最終形成一套適合員工自己的執行方式。這種執行方式可以依靠員工長期對工作計劃的執行與領悟獲得，領導者也可以引導員工之間不斷相互學習，讓員工掌握執行工作計劃的要訣。

> 員工在不斷交流中就會發現自己還有很多技巧沒有掌握，從而促進他們持續用心熟悉工作。我們把這種做法稱為交流促進工作法。

在日本人的持續訓練之中，是把員工當成都會完全敞開心扉的。實際上，多數新員工會這樣，但老員工或者是有創新想法的員工，他們大多不會把自己的獨到工作方法公之於眾，因為如果這樣他們就不能享受到率先完成工作的快感。

要知道老員工或者有創造性的員工既然在技術上有優勢，那麼在體力上他們就落後於平常員工。如果他們把技術拱手相讓，他們往往會在與平常員工的競爭中處於劣勢。所以，想要真正讓老員工與有創造性的員工把自己的創造性工作方式交流出來，就需要公司在專案成功後給予員工長期性獎勵。只有這樣，員工們才會真正暢所欲言，積極的為提高公司經濟效率出力。

創新專案建立基金機制這一點在前面已經提到過，專案基金獎勵的不只是設計人員，有創新的操作員工一樣應得到獎勵。

不過，很多國內廠家會認為，員工流動性太大，如果我獎勵了創新員工，而其他公司沒有獎勵，那麼我公司的成本就會增加，這樣我公司就會在競爭中處於不利的地位。這一點在國內法

律不健全的情況下確實是一個問題,但在法律健全的國家可以透過合約予以約束。另外,對於眾多跨國公司來說,保持技術的領先就可以讓更多有創新精神的員工進入公司,讓公司競爭力遠超一般的公司。這種保護創新的凝聚力是那些壓制技術交流的公司所不具有的。

　　真正有創新的老員工是選擇無償的把技術送給壓制技術交流的公司,還是跳槽到給予創新專案基金獎勵的新型公司呢?其結果是不言而喻的。

　　這就形成了一個小的專案組的氛圍。設計者如果可以從老員工執行工作計劃的方式上受到啓發,那麼就有可能設計出更優秀的工作方式。還可以與現場的員工以及領導者相互探討,從而保證新設計的可行性。

整體促進有效反饋——艾莫利航空貨運公司駕駛員提高貨運量

　　杜拉克在《管理任務、責任和實踐》一書中提到員工對資訊反饋的調整:「我們還知道,只要把資訊反饋給人們,即使他們以及資訊的提供者並不真正知道應該做些什麼以及如何做,他們也能控制和校正自己的工作。這甚至適用於那些本來是『不可控制的』過程,如人體內部的許多過程,如心的跳動、腦電波、哮喘病的發作等。使一個患有哮喘病的小孩能夠看到那個調控螢幕上所顯示的他的喉嚨中的血管和肌肉的收縮的資訊反饋,而不告訴那個小孩應該做些什麼。事實上,也沒有一個人知道應該做些什麼。但是,只要這個小孩知道,顯示螢幕上顯示血管和肌肉狀態的指針應該停留在螢幕的中心,在許多情況下,他往往可以阻止一次哮喘的發作。

「工作的過程很少像腦電波或哮喘病發作那樣難於進行分析，然而其中還是有很多我們不能確切瞭解的過程。職工在得到反饋的資訊以後，能夠控制自己的工作和產出。

「艾莫利航空貨運公司曾多年從事工業工程的研究，但其管理當局還不能真正瞭解各個飛機駕駛員應該做些什麼，才能使他們在自己的飛行線路上的貨運量盡可能的大。可是，飛機駕駛員無需對運貨的飛行時間和飛行長度進行分析，只要知道了他們實際上的貨運量同計劃貨運量的對比，就能控制自己的飛行日程安排並大大提高貨運量。」

在傳統的生產線或辦公室中，員工們對產品的生產結果往往是不知曉的。只有當產品出現問題之後，員工的管理者們才會拿著殘次的產品，帶著滿腔的怒火找到相關員工，告訴相關員工，他們不到位的行為給公司帶來的損失以及相應的處罰決定。

在我小時候看的電影與電視劇中，經常出現拿著皮鞭監督工人工作的資本家的監工，那些電影與電視劇雖然運用了誇張的手法，但是給我幼小的心靈留下的印象就是管理等同於用皮鞭監督員工的工作。當然，我在成年之後知道這是可笑的。

不過，這種荒唐的電影與電視劇傳遞了一個基本的資訊，就是員工執行計劃之中會產生很多讓執行結果不到位的變數，這些不到位的執行結果是讓管理者深惡痛絕的。當然，這種管理方法是相當落後的。

現實中，員工是按計劃要求招聘的，組織部門判定員工具有執行計劃能力並在必要時給予培訓，而且由領導者示範工作內容後執行能力會大幅提高，從而達到按計劃工作的要求。

更好的情況是，操作員工們應當參加至少一種與他相關的專

案小組的探討,從而達到提升與培訓的效果。在這種專案小組的會議之中,就會有相應的技術人員參加,並為他們講解操作員工執行的工作在總體計劃中的位置,並讓員工們看到他們加工過的零件在整體產品中的作用。

當然,相應的計劃員工在參加專案小組時也應當參與決策人員對專案小組進行決策的討論。這樣,所有的人都會對怎樣操作才能讓加工更準確有一個明晰的認識。

有了對操作結果更明晰的認識之外,就要隨時對自己操作的情況進行觀察。這一點看似很容易辦到,其實則不然。拿我原來工作過的爐具公司打鈑金本體的螺絲來說,打螺絲的位置是在爐具本體的上方,不過一旦用力過猛,可能造成爐具本體變形的卻是其他鏤空的薄弱部位,因此就有品質檢查人員在後續的生產線中把爐具本體變形的問題反饋給員工。當然,這是一種事後控制與補救措施。

在重要部位且條件允許的情況下,可以讓員工隨時看一下相關易出現問題部位的即時影像,這樣員工就可以更好的對自己的操作進行控制,從而實現即時的操作反饋。這相比在專案小組中獲得的工作內容的反饋更加及時,也是計劃執行中最基礎的反饋。也就是說,我們要求員工進行抽樣的即時反饋,並不只限於他們的經驗,還可以利用工具延長員工的感知面,在這種情況下,能讓即時反饋的資訊更準確、有效。

當員工把自己的工作視為整體的一部分時,完成本部分工作時就會有完成整體工作的成就感。這時員工會對工作中出現的異常資訊做出有效的反饋。我們把這種反饋稱為**整體促進有效反饋**。

執行計劃人員工作中處在整體促進有效反饋的自我控制狀態，就能更準確的在工作中發現自己的問題，從而使自己的工作可以與公司計劃銜接。

顧客購買計劃滿足理論 ——銷售中執行市場計劃的一般步驟

過去，管理理論往往是市場與銷售不分的，一般由銷售人員自己做市場中顧客需求心理的分析、定位。本書前面有關市場的章節中說過，市場部門會參考顧客的消費計劃設計出讓顧客滿意的計劃。

這樣，銷售人員要做的就是把市場計劃付諸實施。

因為市場部門的計劃並不會飛到有需要的顧客手中去，這就需要銷售人員去與顧客交流，讓顧客瞭解其自身的購物計劃與公司滿足市場需求的計劃是一致的，從而達到讓顧客購買的目的。

銷售人員與顧客的溝通步驟和方法在很多書中都有提到，但大多是從零散的顧客心理出發進行分析的。而本書將從顧客購買計劃的角度來提出溝通的步驟。我們將這種從顧客購買計劃出發的銷售理論稱為**顧客購買計劃滿足理論**。

第一步：從資料中探尋顧客過去的購買計劃。

在銷售人員進行工作之前，他們會接收到市場部門給予的資料，這些資料包括產品的一些基本參數。這些資料裡可能還有同行的產品資訊以及本公司產品在市場的定位或者說公司產品面對的顧客群，甚至一些專業性較強的公司的市場部門會有一些顧客的資料，等等。不過，在沒有市場部門的公司裡，銷售部門的經理因為對市場的熟悉有時就充當了市場部門的作用。

這一點在很多銷售書籍中都會說成是「瞭解顧客資料」，但「瞭解顧客資料」是很泛泛的，顧客資料中也會有很多與銷售無關的東西，這些東西可能會在你與顧客交流時讓顧客覺得你囉唆，甚至侵犯了顧客的隱私。而顧客過去的購買計劃是顧客過去購物習慣的一種體現，作為銷售人員，能迎合顧客的購物習慣，就如醫生能說出病人的症狀一樣，是受人歡迎的。

　　當然，一些看似繁瑣無關的資料，如果可以讓銷售人員瞭解顧客過去的購買計劃，那麼這些資料就是有價值的。不過，這也要根據顧客的重要性進行認真的推敲。如果顧客確實很重要，那麼我們對一些繁瑣的資料進行整理，從而得出顧客的購物計劃就是值得的。

　　也有可能顧客沒有購買過公司生產的同類型的產品，但從顧客的資料中知道顧客擁有的產品，就知道他購買的產品的傾向。如顧客有一輛法拉利跑車，就說明其購買能力強，有可能會高價購買具有娛樂功能的工具類產品。

　　第二步：尋找適當的機會向顧客推銷計劃。

　　尋找適當的機會向顧客推銷，通俗的說就是與顧客的約見及打招呼，很多銷售書籍把它說成是一種禮貌的行為。其實在與顧客約見及打招呼之中，可以得到很多的資訊。如果顧客很忙或者有重要的事要做，那麼是不利於進一步交流的，因為這是把銷售人員的計劃強行凌駕於顧客的計劃之上，這會讓人很反感。這時銷售人員要適可而止，找一個更好的時機去拜訪顧客。

　　打招呼也是一個和顧客接觸的機會，這時可以觀察顧客的狀態。比如顧客憔悴或衣服不整潔，都可能是顧客正忙於某些事情的體現。如果能觀察與猜出顧客的所想，就能避開顧客不願意

談及的話題。相反，如果顧客滿面紅光，那麼顧客肯定有什麼好事。如果這時把公司的產品錦上添花的擺出，對顧客來說接受的可能性就大了很多。打招呼就是全面觀察顧客的一次機會，錯過這次機會，你再上下打量顧客，顧客就會覺得你不禮貌。

第三步：簡單的介紹自己的來歷。

要簡單介紹自己，而不能囉唆，那是因為你帶來的產品及其服務計劃才是顧客所最需要的，而你與你的公司都只是一個簡單的符號，顧客只要在需要時能想到你以及你公司這個符號就夠了，而不需要更多資訊，那樣會衝淡顧客對你以及你公司的印象。比如說，如果顧客聽過銷售人員的自我介紹之後，得到的主要資訊是：那個愛開玩笑的北京人，那麼這種介紹就是失敗的。相反，如果顧客得到的資訊是：那個全國銷售前十名的著名品牌公司的人，或者是最先推出電動功能的三家牙刷公司之一，那麼這種介紹就是比較成功的。

第四步：詢問顧客滿足某些需求採用的計劃。

詢問顧客滿足某些需求採用的計劃，就是顧客怎樣讓自己過得更好。

這裡對於不同需要滿足顧客採用的計劃肯定是不同的，對於工具我們要求方便、省力；對於娛樂用品我們要求有新意、愉快；對於衛生用品我們更看重安全、穩定；等等。這些公司的市場部門都應當做分析。

詢問這些計劃是指瞭解與本公司產品相關的使用效果的情況。產品效果就是產品使用過程與使用結果中產生的效果。

例如，如果你是賣美髮店洗髮水的，市場部門發現美髮店喜

歡那種擠壓後出現一大堆泡沫的洗髮水,那樣美髮店顧客會覺得美髮店每次使用的洗髮水量很充足,而本公司的洗髮水就會在擠壓後產生大量泡沫。這時你就可以暗示的詢問顧客是不是更喜歡用量充足的服務呢?當得到美髮店的認同後,你就有機會介紹你公司產品的優勢了。

當然,在依照公司產品優勢詢問的過程中,顧客不一定會按照你的詢問回答,而是會說一些顧客自己最看重的產品的優勢,這時就要仔細的聆聽顧客的需要,因為這是顧客購買該類產品必須滿足的條件。

顧客所說的需求就是一種心理平臺中計劃的表達,或者說只有在這個平臺之上的產品才可能被顧客接受。當然,這些條件也可以變通,但必須有充分的理由說服顧客。例如,顧客說自己在哪張報紙上看到過介紹該類型的產品,那麼可以肯定,顧客是被報紙上介紹的產品功能吸引了,所以產生了購買計劃。如果你們公司的產品功能與報紙上介紹的產品功能很接近,那麼這是讓顧客計劃獲得滿足的好機會。

銷售人員在詢問顧客情況時,是執行公司計劃的關鍵時候,這時銷售人員要迅速把顧客的需要記錄下來,從而與市場計劃結合起來。同時,這也是發現公司市場計劃的不足之處、創立出新專案的關鍵時候。銷售者執行市場計劃時如果發現市場計劃不足,就如生產者執行生產計劃時發現技術計劃不足一樣。因此,我們經常聽到關於銷售人員多聽少說的要求,這就是在強調詢問情況的重要性。

第五步:介紹產品市場計劃的優勢。

介紹產品市場計劃與介紹產品計劃優勢是兩碼事,介紹產品

往往是指全新的產品，這種產品顧客沒有使用過，這種情況很少見，這需要全面、系統的加以介紹。對於新產品來說，其所具有的新特點就應當是其市場計劃的優勢。

對於成熟的產品，介紹產品的計劃優勢則是根據詢問顧客時所得出的需求要點以及市場部門提供的資料，對公司的產品進行充分的介紹與展示。

只要是同類型的產品，又是成熟的產品，有些基本的功能是必備的。如介紹空調，如果是介紹新產品，就主要介紹壓縮機的工作原理，讓顧客相信它是可以制冷的；如果是介紹壓縮機的優勢，可能只需要用三秒鐘時間使其介紹快速制冷、無噪聲這樣的特點和一些簡單的性能參數以及進口機芯這樣一些簡單的造就高性能的原因。

第六步：確認與顧客溝通的購買計劃資訊。

溝通確認與顧客對話中顧客最重視的需求資訊，就可以在顧客心中加深對公司產品優勢的印象。這時如果顧客還是不明確自己的重要需求是否能得到滿足，那麼就需要重新解釋或者下次再來拜訪了。

大型產品在顧客的購買計劃中一定要經過多方長時間比較，因此當顧客得到銷售人員提供的產品資訊之後，如果覺得有價值就會記錄該資訊，以便比較。這時，有的銷售人員會急於讓顧客簽訂合約，這是不明智的，會讓顧客感到反感。因為這時顧客會覺得銷售人員太強勢了，想讓人輕易的做出花大量金錢的重大決策，從而使其產生逆反心理。

當然，大型產品與小型產品是相對而言的。對於富有的人來說，買一架私人飛機也只是小型產品，這時應當直接跳到簽訂訂

單的步驟;而對於普通人來說,買一輛汽車也一定會多家比較,需要給顧客留下時間考慮。

溝通確認資訊還可以使銷售人員對顧客的需要有一種更全面的認識,在回訪郵件中把顧客的重要需求整理一下,再做成表格發給顧客。這樣,可以讓顧客感到自己的需求被重視,也是一種不錯的辦法。

第七步:顧客購買計劃的完成——成交。

有些顧客在確認重要需求後,還會提出一些額外的要求,如能否便宜點、能否送點東西。這時銷售人員應當給出明確的資訊,把顧客重視產品的優勢與那些額外的要求做出比較,而不要牽扯其他不相關的問題。例如,一名顧客說,隔壁的店裡可以便宜五塊錢,這時如果你說隔壁的店裡賣過假貨,那麼這個話題就扯遠了。你應當堅持說:我這裡的產品某種優勢絕對高於五塊錢的價值。

當確認顧客的需求與公司的產品特性相符時,我們就可以要求成交了。交易本身就是一種生產活動,它本身就需要透過節省時間來提高效率,沒完沒了的溝通只會讓雙方的交易成本增加。

歸納一下,這裡之所以要總結銷售的基本步驟,是因為本書認為需求是有體系的,而購買計劃是需求體系衍生的計劃。能瞭解顧客需求體系及其購買計劃,是銷售人員執行市場計劃的前提條件。

由於一些高層管理者是學院派或技術出身對銷售一無所知,更加無法管理好銷售部門的主管。有了對顧客購買計劃滿足理論的銷售基本步驟的瞭解,就可以明確銷售也可以是一種有計劃的工作。在國外,甚至市場部門或銷售經理會做好一套銷售人員的

問答標準內容,讓業務人員按標準內容應對顧客提問,或者引導顧客發現需求;在國內做這方面工作的公司還不是很多,說明國內對銷售也是一種生產這一事實認識不清。

透過顧客購買計劃滿足理論瞭解銷售人員的工作流程,利用市場部門的計劃,就能更高效率的對銷售部門進行管理。

成敗雙項計劃工作法——IBM 公司針對員工工作計劃的引導

如何讓銷售人員在銷售工作中不畏困難與失敗,很多書中有相關方法的討論。如弘揚一些美德,尋找一些小技巧。但許多美德是需要很多年培養的,不能強求,而小技巧的適應範圍太窄了。我們這裡介紹一種更普遍的方法,這種方法從計劃這種管理的範疇中去尋找解決方案。

首先我們看一下 IBM 公司的一些工作方法。

IBM 公司針對員工的業績,會對員工進行工作計劃方面的引導。只要是 IBM 公司的員工,就會有個人業務承諾計劃。制定承諾計劃是一個互動的過程,員工和直屬經理坐下來共同商討這個計劃怎麼制定更切合實際,幾經修改,達成計劃。當員工在計劃書上簽下自己的名字時,其實已經和公司立下了一個一年期的軍令狀。上司非常清楚員工一年的工作及重點,員工自己對這一年的目標也非常清楚,所要做的就是立即去執行。

到了年終,直屬經理會在員工的軍令狀上打分,這一評價對於日後的晉升和加薪有很大的影響。當然,直屬經理也有個人業務承諾計劃,上級經理也會給他打分。這個計劃是面向所有人的,誰都不允許搞特殊。IBM 公司的每一個經理都掌握著一定範圍內的打分權,可以分配他領導的小組的薪水增長額度,具體到

每個人給多少。IBM公司的這種獎勵辦法很好的體現了其所推崇的「高績效文化」。

IBM公司的這種引導員工有計劃工作的方法，在需要創新性工作很強的領域，如IBM公司當年面對全新的電腦開發時代，是有很強的引導作用的。但在大多數以計劃工作為主、專案工作為輔的公司裡，這種員工自我計劃往往會流於形式。因為當一個公司的產品進入實用階段，想進行改進是非常困難的，而每個員工都要參與到創新之中基本是不可能的。因此，員工們大多只是應付一下上級，填一表而已。

不過，對於銷售人員來說，這種引導性計劃的意義又不一樣。

生產員工面對的總是變化很少的原料與工具，而銷售人員面對的總是變化無常的市場中人們的心理。

因此，銷售部門領導總是更多的要求員工們在熟記產品的基本特性之後去發揮，以便達到顧客心理上認同產品特性的效果。

銷售人員長期利用市場部門給予的計劃與顧客溝通，這種溝通可能不止在工作8小時之內，也許顧客會在晚上突發奇想的與銷售人員聊一會兒，這時銷售人員會感到生活完全被工作擠占，從而有加速內心疲憊的感覺。

當疲勞的感覺加上某些業務中執行計劃的失敗，會讓銷售人員墮入一種憤怒與失望的境地之中。要想讓這種憤怒與失望不影響工作，就必須給予銷售人員一些激勵。這種激勵既可以是公司人事部門的物質激勵，也可以是銷售部門領導給予的榜樣的力量，但更重要的是銷售人員自己有一個計劃。

銷售人員的計劃可以把困難與失敗計算入工作計劃之中，讓他們可以用平常心態去對待一些失敗。讓銷售人員有自己的計劃，在很大程度上相當於給了銷售人員一個希望。因為失敗已經在計劃之內，那麼面對失敗就不再憤怒與失望。當然，成功的結果也在計劃之內，而這個成功的結果，就是銷售人員透過不斷努力來實現的。這樣，失望的負面影響被排除了。

因此，不論成功與失敗都應寫入工作計劃之中。我們把這種工作方法稱為**成敗雙項計劃工作法**。

一般公司的專案小組中都會有專案計劃與目標的引導，因此IBM公司針對員工業績及工作計劃的引導方法也不算什麼稀奇的事。對於執行計劃的銷售人員，上司也應當幫助他們制定工作計劃及目標並執行，而不是像國內很多業務經理一樣去直接控制。因為身為領導者，引導員工是主要的職能，而不是控制。

公司的運作圍繞著計劃進行，這是人或公司與其他動物按本能行動的不同之處。銷售作為公司運行的最後執行環節，也是一個決策與計劃執行的末端，更加需要自我的計劃去約束。銷售人員只有對市場部門的計劃很有信心，對自己實踐的工作計劃成敗的可能性了然於胸，才會勇於面對銷售中的失敗，從而把公司的產品推銷出去。

公司控制：滴水不漏

公司控制分為設計階段的財務控制、組織階段的會計控制以及領導階段的品質控制。它們形成一個重疊的控制系統，以保證控制的滴水不漏。

在財務控制階段，應注意經濟效率的計算以及避免陷入否定困惑之中。會計控制階段要能提供各項經濟要素與所有人權益的變動資料。品質控制要走專業化路線，並且拒絕多重標準，防止出現劣幣驅逐良幣的現象。

效率計算以及重疊控制——杜邦公司硝酸鹽的庫存

我們看一個杜邦公司的例子：

> 在杜邦公司的早期階段，當它還只生產炸藥時，它是世界上最大的硝酸鹽買主，但自己並不擁有任何硝酸鹽礦場。而其採購部門卻有充分的權利採購硝酸鹽。採購部門這樣做了，事實上從採購的觀點看也取得了很大的成功。採購部門在市場上價格低廉的時候買進硝酸鹽，因而用較其競爭者必須支付的遠為低廉的價格為公司成功的獲得了這種極為重要的原料。但是，這卻是一種次優化。因為，硝酸鹽價格的低廉以及因而在成本競爭上得到的好處，是以大量資金束縛在存貨上為代價的。這首先意味著，硝酸鹽價格低廉所得到的成本上的好處，有許多是虛假的，被支付的大量利息抵消掉了。更嚴重的是，它還意味著，當公司在生意不好時，會發生週轉不靈的危機。所以，在廉價原料同資金成本和週轉不靈的危險之間進行平衡的決策應該是由高層管理做出的一種決策。但是，在規定了新的庫存定額以後，採購的決策又完全是採購人員的任務了。

——節選自《管理任務、責任和實踐》

每年有多少存貨才能保證供應，並獲得較低採購價格，看上去是決策部門管理錢財支出的事，但是審計及控制的公司財務部門實際上應提供有效的數據，該數據應根據經濟效率的計算得出。

假如硝酸鹽一般情況下每噸 5,000 美元，如果一次採購 10,000 噸則每噸降至 4,500 美元。如果 10,000 噸是一年的採購量，

那麼等於一次採購 10,000 噸一年之內即無須採購了。

如果公司以每噸 5,000 美元採購，生產廠商大多數可以年底結帳。

當公司一次採購 10,000 噸時，比小量採購多獲得的收益為：

10,000 ×(5,000-4,500)=5,000,000（美元）

但我們要為之付出倉庫、員工看管成本。

假設員工年薪水為 500,000 美元。

倉庫成本為 1,000,000 美元。

管理及工具成本為 500,000 美元。

那麼，我們的實際收益為：

5,000,000-500,000-500,000-1,000,000=3,000,000（美元）

這次採購占用我們的資金為：

10,000 ×5,000=50,000,000（美元）這筆資金的收益率為：

3,000,000 /50,000,000=6%

這樣看來，我們資金的收益率與銀行貸款利率不相上下，如果公司財務上需要貸款，那是肯定不划算的。如果公司確實有部分閒置資金與倉庫，那麼把錢放在銀行裡肯定是收不到 6% 的利息的。所以，這又是筆划算的生意。

從這個例子可以看出，對採購部門等組織部門的工作計劃，由財務控制並不只是控制各部門的進出帳目這樣簡單，應當從經濟效率的角度把各種專案、設計的支出還原成數字，然後計算公司實際計劃的經濟效率是否達到決策的要求。

現實中，由於各種專案與計劃的混合實施，每年在公司生產的旺季都可能增加支出，會計部門的支出往往不會與財務部門的計劃一致，這時就會出現會計部門查出多用了錢、財務部門的計劃可用的資金量卻不足的情況。於是，不得不在工作執行的後期，大量減少支出，以維持年度財務的收支平衡。

　　以杜邦公司的例子來說，如果會計發現倉庫成本突然增加了，這時財務就不得不減少採購的數量。新的財務計劃會對後面多個專案支出進行增減，以保持財務收支平衡。

　　同樣，當質檢人員發現不良品時，會計只有安排人重新採購，財務只有重新制定計劃，以保持財務收支平衡。

　　我們把財務、會計、質檢這一套系統對公司的控制叫作**重疊控制**。

　　之所以叫它重疊控制，是因為財務、會計、質檢實際上都是對計劃的控制，只是分別處在計劃的擬訂、組織、領導執行階段而已。

　　公司在發布任務計劃時，接受任務的部門領導本身就有義務對本部門的工作進行引導。

　　不過，領導者對部門的引導建立在領導者本人對上一級計劃任務的理解是正確的這一前提之下，如果領導者本人就理解有誤，或者沒有發現自己的引導失效，那麼就會造成行動偏離決策方向。

　　對應的解決方法是可以把兩份計劃給控制者與領導者對照。

　　這一方法在政府中也有應用。

　　　　在十九世紀時已在政府中設立總監察長的機構（但還可追溯到法

> 國路易十四時期,即十七世紀後期;而在 1760 年左右,普魯士的弗雷德里克大帝已建立了與現在的形式大致相同的監察機構)。目前,各國政府已普遍建立一種獨立於行政和立法部門之外的機構來審核費用開支、揭發營私舞弊、不法行為和重大失職等。

——節選自《管理任務、責任和實踐》

對於政府計劃費用的審計,在過去的政府中其實一直就有,只是由於錯綜複雜的政治關係以及政治家們的意外支出需要,所以,在更古老的過去,我們看不到一個這樣明確公開審計的政府機構。

公司的管理在過去專案與實用計劃是不區分的,計劃部門中如設計部門要同時完成計劃與專案兩方面的任務。所以,審計中很多專案的費用要透過正常財務計劃申報很難報銷,這在大公司是很麻煩的事。很多公司把一些難以報銷的專案費用以文化用品、餐費之類的名目報銷,這實際上給專案創新蒙上了一層作假的陰影。

儘管計劃部門一般都會努力執行決策者的決策,但計劃對決策的放大有時也會失之毫厘、謬以千里,另外加上專案執行中產生的不可控制因素導致的額外費用,很可能讓公司的基本運行計劃都失去經費支持。

透過重疊控制可以使公司計劃、專案的財物使用情況還原成計劃內的數據。財務部門可以準確的瞭解額外的計劃、專案支出,不至於在一定時期內基本的運行計劃支出難以為繼。並給協調者和決策層予以參考,讓協調者和決策者瞭解計劃、專案部門的資金使用是不是可以控制,計劃部門是不是達到了決策者要求達到的經濟效率標準。

專案案例法則應對否定困惑——重讀《國王的新衣》

我們在這一節的開篇先講一個大家熟悉的故事——《國王的新衣》。

> 一位奢侈而愚蠢的國王每天只顧著換衣服，一天王國來了兩個騙子，他們聲稱可以製作一件神奇的衣服，這件衣服只有聖賢才能看見，愚人不能看見。
>
> 騙子索要了大量財寶，不斷聲稱這件衣服多麼華貴以及光彩奪目，被派去的官員都看不見這件衣服，然而為了掩蓋自己的愚昧，他們都說自己能看見這件衣服，國王也是如此，最後穿著這件看不見的「衣服」上街遊行，一位兒童說：「他什麼也沒穿啊！」

在這個我們熟悉的故事裡，其實有一個我們都難以迴避的心理學課題，我們稱之為**否定困惑**。

所謂否定困惑是指我們對過去已經做過的事情總是想找到其合理性來肯定它。如果要否定歷史就會讓我們感到困惑或者說心理上不能接受。

否定困惑的原理是：我們要否定過去做的事，並不只是一件事這麼簡單，而是要反思我們做事的系統思考方式。而要反思自己的系統思考方式，是一件困難的事情，因此很多人寧願做鴕鳥，也不願意否定一件自己明顯做錯的事。

再回到這個故事，騙子之所以可以騙到國王，就是利用了否定困惑。如果騙子一開始就把這不存在的神奇的衣服送給國王，國王即使再愚蠢，也不會接受這件不存在的新衣。但騙子可能猜到以國王的身分不會第一次就親自到現場來看衣服。

從官員們的角度來說，派去的官員如同他們的國王一樣最怕被揭穿愚蠢，而不是實際愚蠢。因為官員們本身就愚蠢，做錯一

件事只是增加他們的愚蠢,並沒有大礙,而承認他們的愚蠢就等於給他們的國王丟臉,這對於逢迎媚上的官員們來說是萬萬不能接受的。所以,官員們寧願自己把看衣服這件事做砸,也不承認自己的愚蠢。

而國王在每一次接到官員的報告之後,都獎賞了官員與騙子。這樣就等於承認了神奇衣服的存在,在他真正來到織衣機前看衣服時,雖然國王什麼也沒看到,但他必須面對自己的否定困惑。難道自己信任的官員們都在欺騙他嗎?難道自己過去的行為都是愚蠢的嗎?當然,國王不願意這麼想,因此國王只有自欺欺人的認為神奇的衣服是存在的。

公司也是一樣,決策、計劃者們都容易陷入否認自己過去失敗的困惑之中去。因此,我們就需要財務部門對所有計劃中的投入與產出項進行核算,瞭解哪些投入超出了計劃之外,哪些專案所需要的開支超出了決策範圍之外,以免陷入過去失敗的專案中不能自拔。

杜拉克說:「制定和平衡各種目標,需要一套機械式的表現方法。預算,特別是可控制費用和資本費用的預算,就是這種工具。」

所謂制定與平衡各種目標就是各個部門的支出目標制定與平衡。

在過去,各部門都希望自己的部門可以順利、輕鬆的完成上級下達的專案任務,當然得到更多的資源就更有利於完成這些任務。這就形成了在公司各部門之間相互爭奪資源的現象。由於許多公司的預算是以年度為基準的,上一年少了,這一年再爭取更多的預算資金就等於占用了其他部門的資源,因此很多部門總是

多報預算，把可有可無的預算加上去，這樣那些真正急需資金的部門就會感到錢都用到不該用的地方了，這種預算上的爭議，是很多公司內部矛盾的焦點之一。

這也是一種否定困惑，為了能不讓上司覺得自己去年報多了預算，即使今年不需要那麼多錢，也要多報預算。

面對這一問題，很多公司採取的是一種制衡的辦法，讓各部門內部形成派別，相互監督，從而保證有效的使用資金。這其實是一種政治監督方式在公司中的應用。

雖然一般人並沒有機會見識到控制系統的運作方式，但我們在政治監督中經常可以看到類似的工作情況。

由於政治是對於國家醫療問題的共同協調解決，而國內重大醫療問題並不是時刻發生的，為了能讓國家從容面對重大的醫療問題，必須讓政治家們相互在理論上挑刺，這些傾軋並不是國家理念上的分歧，而是政治能力的比拚。包括對現有問題提出的新的解決方案，形成一系列的競選主張，以供選民們挑選。一個能不斷在系統內提出好的方案的人，從理論上來說也更能應對複雜的醫療問題。

政府機構面對這樣一個會挑競爭對手刺頭的人，也會對自己的不良行為收斂許多。

當然，在控制部門，如財務、會計、質檢這些部門，這種方式是可以使用的，因為它本身不進行生產。控制部門本身對資訊的反饋也只會對協調層的總經理及作為總經理上級的決策層產生影響，對決策—執行系統運行不會產生直接影響。當然，面對更多的控制資訊，也考驗著決策者的判斷能力。

對於公司多數部門來說，這種相互制衡會導致決策難以統一執行。公司的財力是有限的，最重要的是公司有許多問題要及時處理，而這些處理問題的人是對董事會負責的。公司可以輕易的找到負責人。

所以，部門內部的相互制衡絕對不是公司治理的最好辦法。那麼，怎樣獲得公司預算的準確性呢？

我們面對無法判定的困惑，最好的辦法就是借鑑過去專案中實踐的經驗，以專案的案例來判定預算的合理性。

對於一個專案而言，先研究專案是否值得投入，然後由專案組自己來判定各個任務者需要的花費，以這些任務者的花費來判定執行相對應任務的各部門的花費。

我們把以過去類似的專案案例來判定新專案或新計劃花費的方法稱為**專案案例法**。

財務部門還可以把類似的專案創新做比較，從而看出哪些部門花費可能超出預算，哪些部門花費節儉。這種抽象的比較也是專案案例法的應用。

所有這些預算建議都應最後由董事會審議，而不是直接與被控制的部門聯繫，這樣才能真正達到在計劃上控制支出的效果。

借貸記帳法應該叫資權記帳法——複式記帳新解

前面說會計是執行財務計劃的組織部門，但這種執行是怎樣體現在會計工作中的呢？人們什麼時候才有科學的會計方法讓會計與財務工作協調一致，從而使會計工作變得合理高效呢？

這就要從複式記帳的產生說起。德國詩人、文學家、哲

家歌德（Goethe）形容複式簿記是「人類智慧的絕妙創造之一，每一個精明的商人從事經營活動都必須利用它」。數學家凱利（Cayley）認為，複式簿記原理「像歐幾里得的比率理論一樣，是絕對完善的」。

複式簿記從萌芽到比較完備，大致經歷了300年。最早流行於佛羅倫薩的複式簿記的形式僅限於記錄債權、債務；後來在熱那亞應用的帳簿已把記帳對象擴大到商品和現金。比較完備的複式簿記是威尼斯盛行的方法。威尼斯的簿記，除記錄債權、債務、商品和現金外，還設立了「損益」和「資本」帳戶。盧卡·巴其阿勒總結推廣的複式簿記，正是當時已臻於完美形式的威尼斯簿記。今天我們仍然遵循複式簿記的基本原理和規則，在盧卡·巴其阿勒的《簿記論》（會計論）中幾乎已包括無遺。

由於有了複式記帳，資產與現金的實際轉化可以清晰的展現出來。

最基本的會計恆等式為：

資產 = 負債 + 股東權益　公式 (1)

其中，負債其實也是股東權益的一種，所以會計恒等式的實質就是公司的資產永遠與股東權益是一致的，只是在兩個不同的帳戶體現而已。

因為公司既會賺錢也會虧本的，有人把上述公式擴展成以下形式：

資產 = 負債 + 所有者權益 + 收入 - 費用公式　(2)

不過，這種形式把所有者權益與負債者的權益等同起來了，所以這個公式是錯誤的。

實際上，負債只是按約定償還負債及利息支付，而其收入則屬於所有者權益增加，同時表現為資產增加。當然，費用增加，也不能使負債按約定償還負債以及利息支付減少，而是所有者權益減少以及資產減少。

實際應用中，

資產 = 固定設備 + 原材料成本 + 人力成本 + 產品公式　(3)

其中，固定設備、原材料成本、產品成本在記帳中都有專門專案，而人力成本及備用資金則主要以現金的形式體現。所以，(3) 式又可以寫成：

資產 = 固定設備 + 原材料成本 + 現金 + 產品公式　(4)

綜合公式 (1) 與公式 (4)，有：

固定設備 + 原材料成本 + 現金 + 產品 = 負債 + 股東權益公式 (5)

複式記帳一方面把資產在組織中各部門使用的投資變成人力、工具、資源和產品的情況下的收支羅列出來，另一方面把股東權益及負債羅列出來，讓人們可以清楚的看到公司資產的變化以及股東投入的變化。

舉例說明公式 (5) 的應用：

當用現金購買固定設備或原材料時，現金減少了，而負債與股東權益不變。

當原材料加工成半成品時，實際上原材料消失了，股東權益減少了，一旦原材料加工失敗就是公司的損失。當然，有的會計只會在企業加工原材料失敗時做這項記錄，而平時則省去此步驟。

當產品生產出來時，可以先將產品按市場價計入帳本，公司就算有了收入，也只是股東權益增加。

當產品出售變現時，則庫存產品減少，現金增加，股東權益與債權人權益不變。

當借了錢，負債增加，則資本增加，固定設備、原材料成本、現金三者中的一種或幾種增加，而且負債的金額與資本增加的金額一致。

當股東投入了錢，則資本增加，固定設備、原材料成本、現金三者中的一種或幾種增加，而且投資的金額與資本增加的金額一致。

可以看出，無論公司資產與股東投入如何變化，公司資產都是屬於股東與債權人的，而收益與損失則只屬於股東。

現在主要流行的複式記帳方法稱為借貸記帳法。這種稱呼很容易使初學者產生歧義，因為現代漢語中的借、貸都是借的意思。

貸是一種會計科目，顯示資產方的減少或負債方的增加，對應概念為借，如銀行、信用合作社等機構借錢給用錢的部門或個人。

借是暫時使用別人的財物的意思。

實際上，如果把債權人看成只收利息的股東，借貸記帳法就是公司資產、股東權益兩個不同帳戶的互動關係。其中，任意一個帳戶的財務增減，都將引起兩個帳戶的同步財務增減，因為它們本身就是同一個帳戶。所以，借貸記帳法，實質應叫作**資權記帳法**。

會計的收支除了留底自己統計之外，還可以提交給財務部門審計以達到控制的目的。讓財務部門看看組織部門、生產部門的花費與收入是不是和計劃一致。而協調管理層也可看出決策與制定的計劃和實際收支的不同點，從而調整計劃並將意見反饋給決策層。

　　由於資權記帳法一方面可以把資產在組織中各部門的支出資金變成人力、工具、資源的情況以及這種組織情況下的產品、收入羅列出來，另一方面可以把股東權益及負債羅列出來，因此，不論是財務人員還是總經理或決策人員，都要對各項經濟要素的變動有一個清晰的認識。透過對比不同時期支出與收入資金的不同，可以敏鋭的查找出人力、工具、資源、資金的供應情況，從而決定各種要素的投資比例。例如：在人力成本過高的時期，我們就可以尋找高效率的工具代替人力；如果發現有資金低利率的情況，我們就可以尋找投資，擴大規模；等等。總之，資權記帳法是一種把組織變動清晰的體現出來，以利於公司總經理和決策層控制的一種科學方法。

強制計劃控制危機 ——醫院的護士都在填報表

　　控制成為工作障礙的極端例子並不是發生在製造業中，而是發生在零售業和醫院中。

　　杜拉克舉了以下例子：

> 　　在百貨公司中，無疑需要很多的控制。每筆銷售都要做記錄。還需要有關存貨控制、記帳、信貸、發貨等方面的資訊。但是，在很多百貨公司中，要求售貨員提供有關控制的全部資訊。其結果是，售貨員從事他本身銷售工作的時間愈來愈少。在美國的某些大零售商店中，售貨員三分之二的時間用於處理這些報表工作，只有三分之一的

時間用於售貨。要改變這種情況有一種簡單而有效的方法：讓售貨員從事他們為顧客服務的工作，而把全部報表工作交由另外一位辦事員去處理，這位辦事員為幾位售貨員擔任全部的報表工作。這樣做，對售貨員的銷售能力和情緒都有極為良好的影響。

在醫院中，需要進行控制的事情也很多，從醫療記錄和記帳到處理醫療保險費的償付和病人個人醫師醫藥費的償付等。在醫院中，這些泛濫成災的報表工作一般都由護士來負責，這是極為嚴重的錯誤控制。這使得護士把很多時間花在辦公桌上填報表而用於照顧病人的時間愈來愈少。改變這種情況的辦法也很簡單：設立一個病房辦事員。這個病房辦事員通常由見習管理人員擔任，他負責有關這些大量資訊處理方面的工作，其中包括向護士提供他從事工作時必需的資料；這不但較為經濟（因為見習管理人員的薪水一般較護士低得多，而且也應該如此），而且尤其重要的是，可以合理的使用護士這種較為缺乏的技術人才。

——節選自《管理任務、責任和實踐》

對於工作計劃的制定者來說，每天花半小時填一些表格，做工作的自我總結是一件很輕鬆的事。畢竟對一天做 8 小時計劃工作的經理來說，一天做半小時的工作反饋實在算不上什麼。員工們可以透過反饋各種表格不斷提升自己，而經理們可以看到員工的努力以及顧客的需要，似乎一切都那麼理所當然。

但現實卻並非如此，做實際工作的員工對於每天相同的日常工作，實在不知道如何把它記錄得讓管理者滿意，沒有一個管理者希望看到千篇一律的報表，因此員工們每天都要絞盡腦汁編造一些說法把報表填滿，這對於以執行操作計劃為主業的員工會相當的不習慣。

更大的問題在於，突破工作計劃的自行決策絕大多數是不理性的。

這就像專案創新一樣，它的成功率是十分低的。

員工對於計劃之外的情況的處理就是這樣，可以說都是在摸索中不斷改進的。要讓員工在報表中體現這種無數次的改進而後成功的過程基本是不可能的。

我們把強制員工計劃控制所產生的問題稱為**強制計劃控制危機**。

因此，員工如果在強迫填寫每日成績報表的工作環境中，要麼造假隱瞞改進工作的過程，要麼只按管理者的工作計劃辦事。因為只有這種不求有功、但求無過的工作方式才可能符合報表中的要求。

至於真正有必要的計劃工作報表的記錄，可以由工作的設計者來抽樣完成，對於銷售人員的報表可以由產品的設計者與市場開發者來抽樣完成，這樣他們可以更加清楚的瞭解市場上的需求。而在醫院裡，這種工作由醫生或實習的醫生來抽樣完成，透過對病人各種情況的記錄以及用藥的記錄，可以更加全面的分析治療計劃的得失。

可能還有人會說，對於護士這樣的工作，我們不在乎她們工作量的增加，可以請更多的人來分擔這些工作，我們需要的是確認她們是否按計劃工作。

不過，這只是一種理想主義的思維方式。當護士在辦公室裡填寫報表時，就會推脫照顧病人的工作。因為報表是管理者們每天要看的，填寫報表才是執行管理計劃的最有效手段，當有人來檢查工作時最有效的擋箭牌就是我在做填寫報表的工作。

作為護士、商場銷售人員這樣的計劃執行者，組織聘用他

們，就表示認可他們的能力。而在執行計劃的過程中，又對他們進行監控，就是一種不認可他們能力的表現。所以，組織實際是在做邏輯衝突的計劃，當然不會成功。

要檢查護士們的工作成績，就要依靠檢查醫療計劃的制定者醫生們給護士的計劃有沒有執行，如果執行了，病人、醫生都會看得到。如果有護士不認真執行，那麼她就不適合護士這個職位，就要對其進行教育或者採用其他方法。這種由醫生或病人反饋，再由專業人員檢查的方式，比讓護士每天填寫報表有效得多。

對於公司的品質控制也是一樣，成熟的工作計劃的執行只需要抽檢即可，對於創新專案才需要所有過程都仔細記錄在案的檢查，這樣就不會產生強制計劃控制危機。如果一個工作計劃總是出問題，那麼只能說這個計劃還不完善，以後改進的餘地還很大，這時應當重新反思計劃及其專案的可行性。

統一標準原則——劣幣驅逐良幣現象新解

劣幣驅逐良幣是經濟學中一個古老的原理，它說的是鑄幣流通時代，在銀和金同為本位貨幣的情況下，一國要為金幣和銀幣之間規定價值比率，並按照這一比率無限制的自由買賣金銀，金幣和銀幣可以同時流通。由於金和銀本身的價值是變動的，這種金屬貨幣本身價值的變動與兩者的兌換比率相對保持不變就產生了劣幣驅逐良幣的現象，使復本位制無法實現。比如說當金和銀的兌換比率是 1：15，當銀由於開採成本降低而價值降低時，人們就按上述比率用銀兌換金，將其儲藏，最後使銀充斥於貨幣流通，排斥了金；相反，如果銀的價值上升而金的價值降低，人們就會用金按上述比例兌換銀，將銀儲存，流通中就只會是金幣。

這就是說，實際價值較高的「良幣」漸漸為人們儲存而離開流通市場，使得實際價值較低的「劣幣」充斥市場。由於這一現象最早被英國的財政大臣格雷欣（1533-1603）發現，故又稱為「格雷欣法則」。

實現格雷欣法則要具備如下條件：劣幣和良幣同時為法定貨幣；兩種貨幣有一定法定比率；兩種貨幣的總和必須超過社會所需的貨幣量。

按《幸福經濟學》中的貨幣理論，貨幣在交換中是商品交換比例的量度基準。所以，在過去金、銀同為法定貨幣的時代，就會產生兩種不同比例的交換基準。

金、銀作為交換的產品在市場中的價格在產品的實用階段與產品的生產效率成反比，也就是說生產效率高的價格低。但貨幣比例的制定者無法認識到兩者之間的關係，也不會隨著金、銀生產效率的變化來改變兌換比例。

基於交換是生產的一種特殊形式的理論，人們在市場中用金、銀作為交換中間工具，是為了提高交換效率，實際上等同於提高自己的生產效率。因此，人們就會在市場交換中留下生產效率低而價格高的產品，從而使自己的生產效率達到最大化。

這就導致了市場上流通的貨幣是生產效率高而價格低的產品。這與上面陳述的「比如說當金和銀的兌換比率是1：15，當銀由於開採成本降低而價值降低時，人們就按上述比率用銀兌換金，將其儲存」是一致的。

因此，劣幣驅逐良幣實際上是貨幣制定者在制定貨幣時無視市場規律而制定兌換比例產生的問題，只要保證市場貨幣定價的統一標準，供應與商品量匹配的貨幣，這種問題就不會發生。

在公司的產品檢查之中也是一樣，一旦發現公司現在生產的產品品質總是不如原來的好，那很可能是發生了劣幣驅逐良幣的現象。這種現象的根源就在於我們把差原料與好原料、差零件與好零件本來要分開的標準混淆了。

如果想要重新獲得良好的原料供應，就要統一檢查的標準。我們把這一原則稱為**統一標準原則**。

這種統一在過去計劃、組織、領導部門沒有統一標準流程的情況下很難出現，因為計劃、組織、領導部門都會依據自己的部門需要讓質檢部門按本部門要求檢驗。

計劃部門會說自己的圖紙才是依據，組織部門會說降低成本是老闆的意思，執行部門會說一切應當依照實際情況、以生產好產品為標準。這些說法似乎都有道理。不過，降低成本以及最終產品的專案實驗應在專案小組的實踐中完成，在現實的生產中這些都不是使組織、執行部門偏離計劃標準的理由。即使執行中出現重大問題，也應當立即停止生產並調動計劃部門進行計劃創新。

如果組織部門降低成本的標準或者執行部門完成生產為目標的標準取代了計劃標準，那麼產品的品質就會停留在降低成本或完成目標的標準上。只要組織、執行部門對產品檢驗採取了不同於計劃部門的標準，就會導致產品品質無法保障。有的時候，計劃部門內部也會存在對同一品質檢查標準的不一致，就像同時以金、銀為貨幣的計劃一樣。

質檢人員在工作中如果發現公司存在產品品質下降的現象，而自己手中的檢驗標準沒有改變，那麼就可以從統一標準原則來思考計劃之中是否存在漏洞，找出計劃、組織、執行部門執行的

是不是雙重標準。

國家圖書館出版品預行編目（CIP）資料

非雞湯管理學：效率人的企業 / 譚立東 著. -- 第一版. -- 臺北市：崧燁文化發行, 2020.7
　面；　公分
POD 版
ISBN 978-986-516-259-7(平裝)

1. 企業管理

494　　　　　　　　　　　　　　　109008430

書　　　名：非雞湯管理學：效率人的企業
作　　　者：譚立東 著
發 行　人：黃振庭
出　版　者：崧燁文化事業有限公司
發　行　者：崧燁文化事業有限公司
E - m a i l：sonbookservice@gmail.com
粉 絲　頁：　　　　　網　址：
地　　　址：台北市中正區重慶南路一段六十一號八樓 815 室
8F.-815, No.61, Sec. 1, Chongqing S. Rd., Zhongzheng Dist., Taipei City 100, Taiwan (R.O.C.)
電　　　話：(02)2370-3310　傳　真：(02) 2370-3210
總　經　銷：紅螞蟻圖書有限公司
地　　　址：台北市內湖區舊宗路二段 121 巷 19 號
電　　　話：02-2795-3656　傳真 :02-2795-4100
印　　　刷：京峯彩色印刷有限公司（京峰數位）

本書版權為西南財經出版社所有授權崧博出版事業有限公司獨家發行電子書及繁體書繁體字版。若有其他相關權利及授權需求請與本公司聯繫。

定　　　價：290 元
發行日期：2020 年 7 月第一版
◎ 本書以 POD 印製發行